宇宙是如何

运转的 (3D版)

HOW THE UNIVERSE WORKS

宇宙是如何运转的（3D版）

HOW THE UNIVERSE WORKS

［西］Sol90 公司 / 著

孙媛媛　徐玢 / 译

苟利军 / 审校

四川科学技术出版社

前言

　　本书以图为主，用精美而极具视觉冲击力的拍摄图片和细致的结构插图，展示宇宙运转的秘密，带你踏上揭开宇宙神秘面纱的旅程。书中探索了数以百计的实验对象，揭示、剖析了成千上万的天文现象，让我们既能理解如月亮会引起潮汐变化这种简单的概念，同时也能思索宇宙大爆炸这类复杂的问题。此外，本书还清晰地阐释了如神秘的暗物质、广义相对论、黑洞是如何形成的，以及时间旅行的可能性等较为复杂的问题。

　　本书内容包括宇宙的物理本质，太阳系、地球和月球的构成，天文学的历史，太空竞赛，探索其他行星，以及与太空相关的科学概念等。书中大量精美的图片给读者带来视觉享受的同时，也让天文爱好者们愉悦地了解引力的本质、太阳系、"阿波罗"计划、太空旅行对人体的影响，以及火星移民等宇宙趣事。

　　来吧，一起来探索浩瀚无垠的宇宙中那些惊人的事实和尚未被发现的秘密吧。

目录

蟹状星云

这个星云距离地球超过 6 500 光年，是 1054 年那次壮观的超新星爆发的产物。

INTRODUCTION
引言

自古以来，人类一直对未知的天体感到好奇。这种强烈的好奇让我们猜想星星是夜空中的部落营火，宇宙如同希腊天文学家托勒密所描述的那样是平的，它位于一个巨大的龟壳之上，地球则是宇宙的中心。《宇宙是如何运转的（3D版）》用壮观的照片展示出了行星的本质和点缀夜空的恒星，带你开启宇宙之旅。你将会了解到和太阳一样的恒星是如何形成和死亡的，发现黑洞的性质和结构，遇到围绕着星系的神秘暗物质，了解我们在浩瀚宇宙中的位置。将我们的文明演化与世界的其他演变相比，你将完全明白，至少在现在，为什么没有比地球更适合人类居住的地方了。

据估计，我们的太阳是银河系中 1 000 亿～ 4 000 亿颗恒星之一[①]。这个数字是如此巨大，难道我们的太阳系是其中唯一一个拥有宜居行星的恒星系统吗？天文学家们似乎越来越确定，其他星球也有可能承载着生命，只需要找到它们。近年来，我们已经取得了巨大进步，找到了近 3 500 颗系外行星和许多类似我们太阳系的恒星系统。

---

① 之所以是 1 000 亿到 4 000 亿之间，是因为那些比太阳小的恒星比较暗，很难确定非常准确的数目。

① 太阳系
科学家认为它大约形成于46亿年前。

② 狼蛛星云
这类发射星云实际是在太空中发光的炙热气体和尘埃云团。

③ 太空竞赛
20世纪50年代，美国和苏联开始了太空探索的时代。

例如 TRAPPIST-1，这是一颗距离太阳39.5光年的红矮星，它有7颗气候温和的行星。虽然对宇宙的观测可以追溯到古代，但太空探索却是始于现代的。尽管第一颗人造卫星于1957年就已发射升空，不过也只是在最近十多年里，天文学家才在一个名叫柯伊伯带的区域观测到其他的"冷冻世界"，那里的天体要比行星小得多。科学家们使我们确信，在探索太阳系方面，我们正处在一个有趣的时代，尤其是基于过去50年里所发现的一切，可以预见未来将有更多的发现加速出现。

《宇宙是如何运转的（3D版）》将带你探索太阳系的奥秘。由于靠近地球而且曾经可能存在生命，火星激发起了科学家们的兴趣。火星探测器"奥德赛"号和"火星快车"号已经证实在这颗红色星球的更深处有冰的存在。2018年7月25日，法新社转载了发表在《自然》

②

③

杂志上的一篇文章，意大利科学家 Orosei 团队经过 3 年半的时间，在对火星南极区域进行了 29 次探测之后，首次确认火星南极的冰川下面存在一个直径约 20 千米的大面积水域，这意味着人类首次在这个红色星球上发现湖的存在。另一项重大科学成就是向土星发射探测器。这显示了我们对新世界的无限憧憬。与此同时，"新视野"号正在探索太阳系的外缘，冒险前往矮行星冥王星执行探测任务。另一项挑战是成功移民到其他行星，短期内以火星为目标。假如可以克服技术和经济障碍，许多私人项目，如"火星"一号等，都对在地球之外建立第一个人类定居点颇感兴趣。这只是《宇宙是如何运转的（3D 版）》的一部分，还有更多

④

月球
地球唯一的永恒天然卫星，
距离地球 38.44 万千米。

有趣的东西有待读者去探索。

　　当然，我们会停下来仔细分析地球，以便更好地了解它的起源、形成、进化和特征，以及它与太阳和月亮的关系。我们将研究地球的邻居——太阳系的其他行星，研究它们的卫星以及区分它们的重要特征。我们还将了解围绕太阳运行的陨石、小行星和彗星。所有这些都是对宇宙奥秘的微观探索，它们都有由主要空间机构提供

钱德拉X射线
天文台
帮助我们更精确分析宇宙的空间观测站。

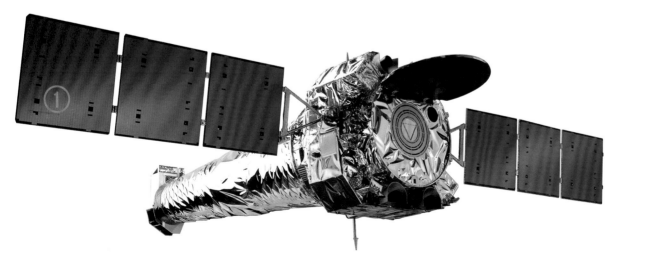

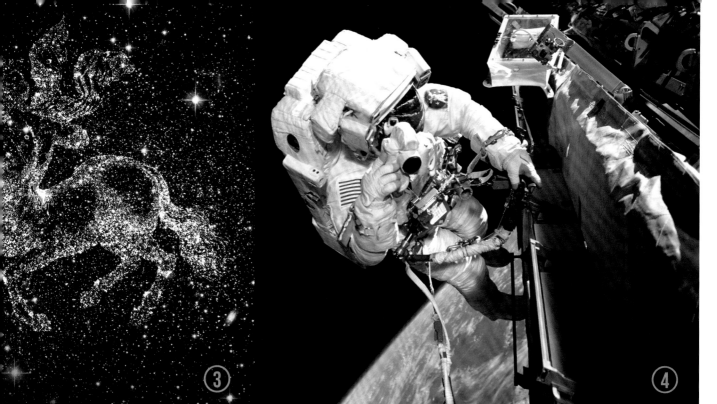

的突破性科学图片。这些由最新太空望远镜捕捉到的图片使我们能够看到并更好地了解每一个地外天体及其火山和陨坑的情况。文中所有配有文字的图片和插图，例如我们看到的星图以及自古以来帮助人类导航和创建历法的星团图，都能很好地帮助我们学习和理解那些可见的和不可见的天体结构（如暗物质），而这些结构是宇宙的基础。

我们将从托勒密时代开始回顾人类认识太空的历史。托勒密相信行星环绕地球运动，而后哥白尼认为太阳是宇宙的中心；伽利略是第一个用望远镜观察天空的人；而离我们最近的时空理论天才霍金的理论同样令我们震惊，他的发现是人类最伟大的科学探索之一。我们还将回顾太空探索给我们的日常生活所带来的一切变化，包括人造卫星所带来的对手机、互联网和电视及 GPS 导航的改变。

空间站

《2001 太空漫游》等电影预测了这类可居住空间模块。

星座

天文学家对历史上的星座进行了分类，确定为88 个。

挑战

到达地球的轨道并不简单：它需要科学家的献身精神和宇航员的勇气。

NGC 1300
这个棒旋星系距离地球
6 100 万光年，大小与
银河系相似。

CHAPTER 1

宇宙的秘密

科学家估计宇宙中大约有2万亿个星系。地球所在的银河系不过如同浩瀚海洋中的一滴水。

宇宙内部结构图

宇宙由大约 2 万亿个星系组成，其雄伟震撼着我们。反过来，每个星系包含有数十亿颗恒星，这些星系成群结队地聚集在一起。这些聚集的星系被广袤的空间或"宇宙的空隙"所包围。

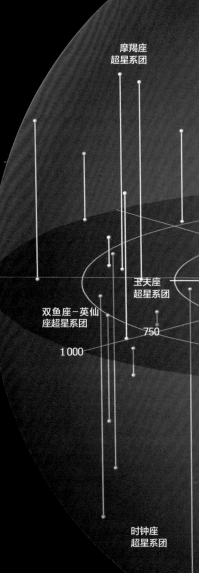

摩羯座
超星系团

玉夫座
超星系团

双鱼座－英仙
座超星系团

750

1000

时钟座
超星系团

① 地球

太阳系八大行星之一。当宇宙已经 90 亿岁时，太阳系开始形成。

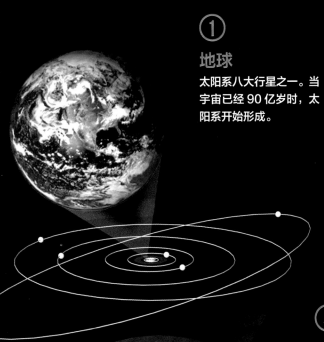

宇宙

宇宙可以追溯到大约 140 亿年前的一次不可思议的大爆炸，我们无法对宇宙目前的大小提出一个准确的概念。无数的恒星和星系仍在继续膨胀。多年来，天文学家认为银河系代表了整个宇宙。然而，在 20 世纪，人们发现，宇宙的空间不仅比原先想象的要大得多，而且它处于一个不同寻常维度的膨胀中。

② 邻近恒星

它们分布在距离太阳 20 光年的各个方向，形成了太阳的邻域。

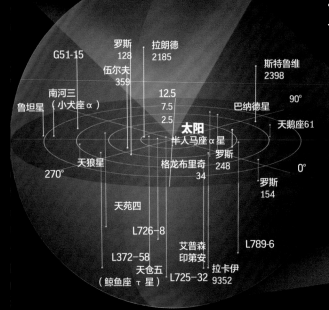

G51-15

罗斯
128

拉朗德
2185

伍尔夫
359

斯特鲁维
2398

南河三
（小犬座α）

12.5

90°

7.5

巴纳德星

鲁坦星

2.5

天鹅座61

太阳
半人马座α星

罗斯
248

天狼星

格龙布里奇
34

270°

罗斯
154

0°

天苑四

L726－8

L789-6

L372－58

艾普森
印第安

L725-32

天仓五
（鲸鱼座τ星）

拉卡伊
9352

③ 邻居们

银河系与距离它最近的那些星系们距离不到 10 亿光年。

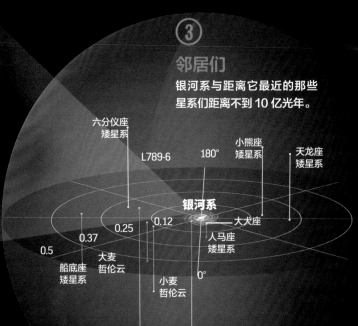

六分仪座
矮星系

小熊座
矮星系

L789-6

180°

天龙座
矮星系

银河系

0.12

大犬座

0.37

0.25

人马座
矮星系

0.5

0

船底座
矮星系

大麦
哲伦云

小麦
哲伦云

⑥
超星系团
超星系团是数以百万计的星系的聚合，在 10 亿光年之遥都能看见它们。

180°

孔雀–印第安座
超星系团

250

玉夫空洞

室女座

半人马座
超星系团

后发座
超星系团

长蛇座

双鱼座–鲸鱼座
超星系团

0°

天鸽座
超星系团

武仙座
超星系团

北冕座
超星系团

沙普利
超星系团

牧夫座
超星系团

牧夫空洞

大熊座
超星系团

狮子座
超星系团

六分仪座
超星系团

⑦
纤维结构
在 50 亿光年之外，可以清晰地看到宇宙的结构——星系纤维结构，每条纤维都包含着成百上千万个星系。

180°

室女座III
星系群

NGC
7582

NGC
6744

本星系群

NGC
5033

NGC
5128

M101

室女座星系团

NGC
4697

玉夫座

马费伊

猎犬座
星系群

12.5

25

37.5

M81

狮子座I

大熊座
星系群

50

NGC
1023

NGC
2997

0°

天炉座
星系群

剑鱼座

狮子座II
星系群

波江座
星系团

④
本星系群
仙女星系是离银河系最近的星系，距离地球 250 万光年。

⑤
最近的星系团
离我们最近的星系团是室女星系团，距离地球约 6 000 万光年。

六分仪座A

六分仪座B

狮子座A

NGC
3109

唧筒座
矮星系

180°

狮子座I

狮子座II

银河系

1.2

2.5

3.7

IC 10

NGC
185

NGC
147

M110

仙女座I

仙女座

M32

NGC
6822

三角座

0°

凤凰座
矮星系

LGS 3

飞马座
矮星系

IC
1613

宝瓶座
矮星系

人马座
不规则矮星系

杜鹃座
矮星系

鲸鱼座
矮星系

WLM

2万亿

据估计，宇宙大约有这么多个星系存在。

宇宙诞生的瞬间

正如我们所知，我们不可能准确地知道宇宙是如何从虚无中诞生的。根据被科学界最广为接受的大爆炸理论，空间、物质和能量产生自最初一个体积无限小、密度无限大的炙热球体。这发生在约140亿年前，尽管至今人们还不清楚是什么造成了这一过程。

能量辐射

产生宇宙的热球是一个永久性的辐射源。亚原子粒子和反粒子相互湮灭，高密度自发地产生和破坏物质。如果一直保持这种状态，宇宙便永远不会如同人们所认为的那样，在"宇宙暴胀"后剧烈膨胀。

它是如何膨胀的？

暴胀使年轻宇宙的每个区域都在膨胀。银河系的邻近区域似乎是均匀的：相同类型的星系、相同的背景温度。

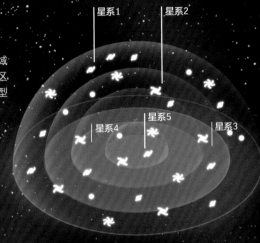

星系1　星系2　星系5　星系4　星系3

时间	0	10^{-43} 秒	10^{-38} 秒
温度	① -	② 10^{32} ℃	③ 10^{29} ℃

① 根据这个理论，目前存在的所有东西都曾被压缩进一个比原子核还要小的空间。

② 在物理学家能够分辨出的最接近零的那个时刻，温度是非常高的。超力统治着宇宙。

③ 宇宙并不稳定，膨胀了 10^{26} 倍。暴胀开始后，各种力便分离开来。

基本粒子

最初，宇宙是一锅"大杂烩"，充满了由于高强度辐射而与其他粒子相互作用的粒子。后来，一旦宇宙发生暴胀，夸克就形成了元素的原子核，而原子核与电子形成了原子。

电子
带负电荷的基本粒子。

光子
没有质量的光基本粒子。

引力子
被认为是传递引力的粒子。

胶子
负责夸克之间的相互作用。

夸克
轻基本粒子。

宇宙暴胀理论

大爆炸理论学家一直无法解释为什么宇宙在进化过程中会如此迅速地膨胀。1980 年，物理学家阿兰·古斯用他的暴胀理论解决了这个问题。在极其短的时间内（不到千分之一秒），宇宙增长了 10^{26} 倍。

如果没有发生膨胀

如果没有暴胀，宇宙会形成一系列有明显区别的区域。它将包括"遗迹"，它们中的每一处都包含某种类型的星系。

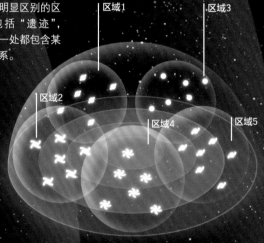

区域1
区域2
区域3
区域4
区域5

威尔金森微波各向异性探测器

美国国家航空航天局（NASA）的 WMAP 项目使科学家能看到宇宙微波背景辐射。图片中，可以看到较热区域（红色和黄色）与较冷区域（绿色和蓝色）。WMAP 能使科学家计算出暗物质的数量。

力的分离

在暴胀之前，只有一种力支配着所有的相互作用。首先分离出来的是引力，然后是电磁力，最后是核力。随着各种作用力的分离，物质被创造出来。

引力
强核力
弱核力
电磁力
超力
暴胀

10^{-12} 秒

④ $10^{15}\,°C$
宇宙经历了一个巨大的冷却过程。引力分离出来后，电磁力出现了，核力也开始发挥作用。

10^{-4} 秒

⑤ $10^{12}\,°C$
质子（Proton）和中子（Neutron）形成，它们各由三个夸克组成。此时宇宙仍然是黑暗的：光被困在有质量的粒子中。

5 秒

⑥ $5×10^9\,°C$
电子和正电子（Positron）彼此湮灭，直到正电子消失。剩下的电子继续形成原子。

1秒 由于中子衰变，中微子退耦。中微子的质量非常小，它继续形成宇宙中的大部分暗物质。

3 分钟

⑦ $10^9\,°C$
它们创造了最轻元素的原子核：氦和氢。每个原子核包括质子和中子。

从粒子到物质

由于胶子的作用，夸克之间相互影响。后来，它们与中子共同形成了原子核。

夸克
胶子

① 胶子和夸克相互影响。

② 夸克与胶子结合形成质子和中子。

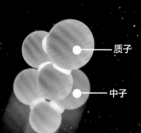

质子
中子

③ 质子与中子结合形成原子核。

透明的宇宙

宇宙曾是稠密且不透明的，原子的形成和冷却使它变得透明。光子——没有质量的粒子，因此可以自由地在太空中穿梭，但辐射使它失去了作为宇宙的统治者的地位，而物质能够在引力的作用下塑造自己的命运。气体的积累不断增加，在几亿年的时间里形成了原始星系。由于引力，它们成了第一代星系，在密度较大的区域，第一代恒星开始燃烧。星系为什么会呈现出它们现在的形状，是一个伟大的、长久以来的谜团。暗物质，星系间的空旷空间，也许能提供答案；它是星系膨胀的原因之一，而它本身只能被间接地探测到。

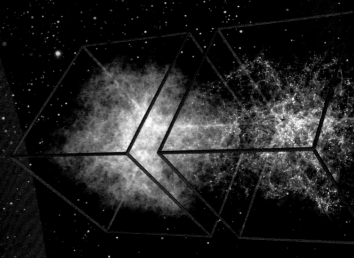

① 气体云
大爆炸形成了最初的气体和尘埃云。

② 第一批纤维组织
由于暗物质的引力作用，气体聚集在一起形成纤维结构。

暗物质
即使功能最强大的望远镜，也看不到暗物质。它占宇宙总物质的22%。星系和恒星的运动是由暗能量和暗物质的引力效应造成的。

物质的演化
大爆炸最初形成了一团均匀分布的气体云。300万年后，气体开始形成纤维状结构。如今，宇宙可以被看作是星系纤维结构的网络，这些结构之间存在巨大的空间。

时间	**38万年**	**5亿年**

温度

⑧ 2 700 ℃
原子形成。电子被质子吸引，围绕着原子核运动。宇宙变得透明，光子在空间中穿梭。

⑨ -243 ℃
星系有了它们最终的形状：由数十亿颗恒星和大量气体、尘埃组成的"岛屿"。恒星爆发形成超新星，将更重的元素，比如碳，抛撒到宇宙中。

第一批原子
氦和氢是在原子水平上最初形成的元素。它们是恒星和行星的主要组成部分，也是宇宙中最常见的组成部分。

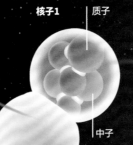

核子1 — 质子

核子2

电子

中子

① 氢
一个电子受到吸引围绕着原子核运动，原子核中有一个质子和一个中子。

② 氦
原子核中有两个质子，两个电子因此被吸引。

③ 碳
随着时间推移，形成了更复杂的元素，比如碳（包含6个质子和6个中子）。

③ 纤维结构的网络
宇宙可以被看作由数十亿
星系组成的纤维结构。

今天的
宇宙

不规则星系 ———

螺旋星系

棒旋星系 ———

椭圆星系

星云

恒星

类星体

星系团

91亿年

地球形成。与所有其他行星一样，形成地球
的物质来自太阳形成后的剩余物质。

90亿年   137亿年

⑩ -258 ℃
大爆炸后 90 亿年，太阳系形成。大量气体和尘
埃坍塌形成太阳。而后，剩余的物质形成了一个
聚集在一起的行星系统。

⑪ -270 ℃
目前，无数个星系以及它们之间的暗物质组成的
宇宙仍在不断膨胀。主导膨胀的也是一种未知能
量——暗能量（74%）。

宇宙日历

为了使与宇宙相关的时间更具体，美国作家卡尔·萨根（Carl Sagan）介绍了
"宇宙日历"的概念。在那个虚构的年份，1 月 1 日 00：00，大爆炸发生了。
智人（Homo Sapiens）将于 12 月 31 日 23：56 出现，哥伦布发现美洲（1492
年）的时间是同一天的 23：59。宇宙日历中的一秒钟代表 500 年。

大爆炸
发生在那一年第一天的第一秒。

太阳系
在宇宙日历的 8 月
24 日形成。

哥伦布抵达美洲
发生在 12 月 31 日的最后一秒。

1月   12月

宇宙中的各种力

存在于宇宙中的四种基本力是无法用更基本的力解释的。每一种力都参与不同的过程，并与不同类型的粒子发生相互作用。引力、电磁力、强核力和弱核力是理解宇宙中的物体如何运转的必要条件。

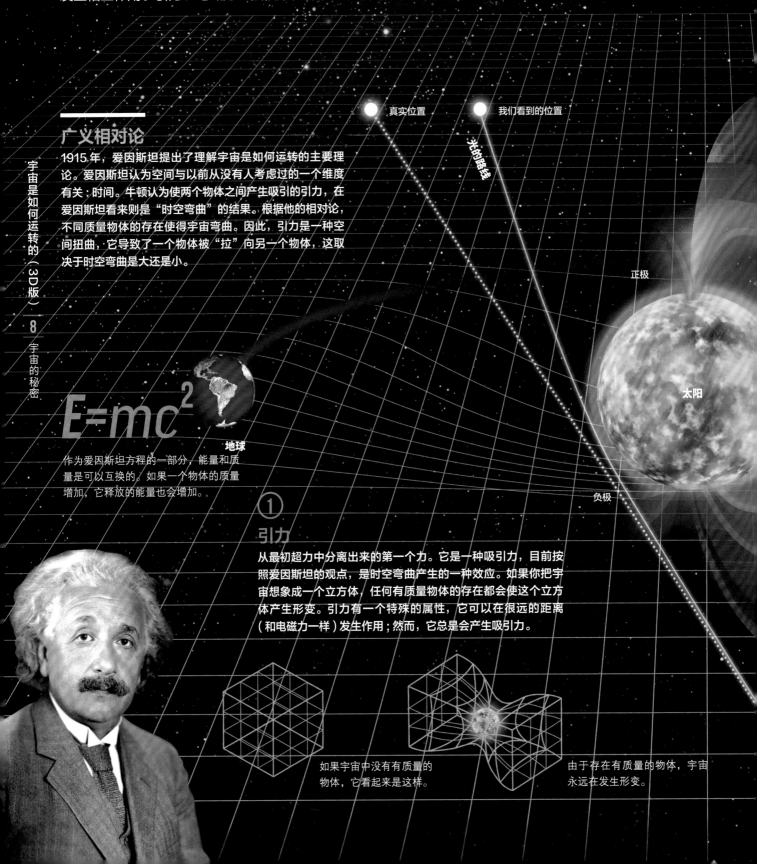

广义相对论

1915 年，爱因斯坦提出了理解宇宙是如何运转的主要理论。爱因斯坦认为空间与以前从没有人考虑过的一个维度有关：时间。牛顿认为使两个物体之间产生吸引的引力，在爱因斯坦看来则是"时空弯曲"的结果。根据他的相对论，不同质量物体的存在使得宇宙弯曲。因此，引力是一种空间扭曲，它导致了一个物体被"拉"向另一个物体，这取决于时空弯曲是大还是小。

$$E=mc^2$$

作为爱因斯坦方程的一部分，能量和质量是可以互换的。如果一个物体的质量增加，它释放的能量也会增加。

真实位置

我们看到的位置

光的路线

正极

太阳

负极

地球

① 引力

从最初超力中分离出来的第一个力。它是一种吸引力，目前按照爱因斯坦的观点，是时空弯曲产生的一种效应。如果你把宇宙想象成一个立方体，任何有质量物体的存在都会使这个立方体产生形变。引力有一个特殊的属性，它可以在很远的距离（和电磁力一样）发生作用；然而，它总是会产生吸引力。

如果宇宙中没有有质量的物体，它看起来是这样。

由于存在有质量的物体，宇宙永远在发生形变。

万有引力

牛顿提出的万有引力是两个物体之间的相互吸引。在爱因斯坦时代之前，牛顿的万有引力定律作为一种范式被人们接受。它并没有把时间和空间作为两个物体之间相互作用的重要组成部分。引力是由质量引起的：质量较大的物体吸引着质量较小的物体。这完全可以归因于物体的内在本质。尽管如此，万有引力定律仍是爱因斯坦理论的支柱。

万有引力方程

质量不同的两个物体互相吸引。质量较大的物体会吸引较轻的物体。它们之间的距离越远，吸引力就越小。

$$F=G\frac{m_1 m_2}{r^2}$$

m_1 — F — m_2
R

③

强核力

它把原子核的组成部分保持在一起。胶子是负责传递强核力的粒子，它们强大的作用力使得夸克可以结合在一起形成核粒子：质子和中子。

夸克和胶子

当胶子与夸克相互作用时，就会发生强核力。

原子核 —

夸克

力

胶子 —

结合

夸克结合在一起，形成质子和中子。

②

电磁力

会影响带电物体的一种力。它参与了原子和分子的化学和物理变化，而原子和分子是不同元素的组成部分。它比引力更强烈，而且在突出的两端，或者两极上发挥作用，即正极和负极。

吸引

两个原子被吸引，而两个电子围绕新的分子旋转。

氢

氦

力 —

电子 —

正极 —

原子核 —

负极 —

分子磁性

电磁力是原子和分子中的主导力量。它使得电子围绕原子核旋转，因为电子对质子有吸引力。在相互吸引的带电原子之间也会发生同样的情况。

光线弯曲

由于时空弯曲，光线也会弯曲。从望远镜中观测时，物体的真实位置会被扭曲。望远镜所看到的是由于光线弯曲而形成的虚假位置。我们不可能亲眼看到这个物体的真实位置。

④

弱核力

与其他所有力相比，弱核力的强度最弱。弱核力在中子的衰变中发生作用。衰变过程会释放电子和中微子，而它会变成一个质子。这种力在天然放射性现象中发生作用，该现象发生在某些粒子的原子中。

氢

氢原子与轻、弱粒子相互作用。中子中的一个下夸克会变成一个上夸克。

氢原子

电子

质子

中子

氦同位素

电子

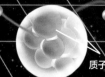

质子

氦

中子转变为质子。释放一个电子，并形成没有中子的氦同位素。

关于未来的理论

为了预测宇宙的未来，首先需要知道它的总质量；直到今天，这一数据尚未确认。根据天文学家最新的观测结果，宇宙的质量很可能比减缓宇宙膨胀所需的质量要低得多。因此，当前的宇宙膨胀速度只是宇宙走向彻底毁灭的前奏，而后将是彻底的黑暗。

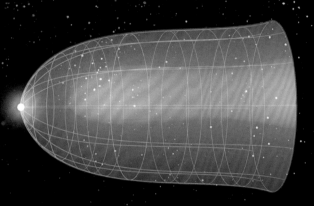

1
平坦的宇宙

如果宇宙质量刚好是临界值，那么宇宙膨胀速度会逐渐减缓，但膨胀最终不会完全停止。其结果是存在无数的星系和恒星。如果宇宙是平坦的，它永远也不会终结。

① 宇宙在不断膨胀中演化。

② 它不断地膨胀，但膨胀速度有所减缓。

③ 引力不足以让膨胀完全停止。

④ 宇宙无限地膨胀。

霍金的宇宙

宇宙最初由 4 个空间维度组成，但它们都不是暂时的。没有时间就没有变化；根据斯蒂芬·霍金的说法，其中的一个空间维度自发地在时间维度上进行了小规模的变革。然后宇宙开始膨胀。

3个维度中的物体

随着时间变化的物体

大爆炸

① 在最初的爆炸后，宇宙开始膨胀。

② 持续的、显著的膨胀被观测到。

2
闭合的宇宙

如果宇宙的质量超过临界值，它会一直膨胀，直到引力把它拉回来。然后它会收缩，直到发生"大收缩"——一次彻底的坍塌，最终形成一个小的、致密的、无限热的团块，就好像当初创造宇宙的那个团块一样。

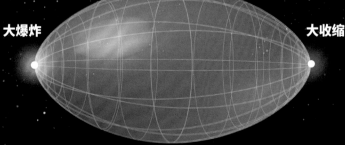

大爆炸　　　　　　　　　　　　　　　　　　　**大收缩**

① 由于宇宙中的物质，宇宙猛烈膨胀。

② 宇宙膨胀到某一时刻，速度开始减缓。

③ 宇宙坍塌成一个致密、炙热的团块。

宇宙成分

虽然其构成成分仍然未知，但宇宙的主要能量源是暗能量。

74%
暗能量

22%
暗物质

4%
可见物质

发现

支持大爆炸存在的关键依据是由埃德温·哈勃（Edwin Hubble）发现的，他发现宇宙一直在膨胀。20 年后，乔治·伽莫夫提出存在原始的背景辐射。在新泽西州的贝尔实验室，阿诺·彭齐亚斯和罗伯特·威尔逊偶然地探测到一个恒定的信号，它整个空间的温度为 −270 ℃：宇宙早期辐射遗留下来的化石。

20世纪20年代
埃德温·哈勃

他注意到在光谱上有一种向红色的偏移，它能证实星系之间的相互远离。

20世纪40年代
乔治·伽莫夫

苏联的乔治·伽莫夫（George Gamow）首先提出大爆炸理论。他坚持认为早期宇宙是一个大熔炉。

1964年
阿诺·彭齐亚斯和罗伯特·威尔逊

他们发现，无论将天线朝向哪个方向，都能收到一个稳定的信号：背景辐射。

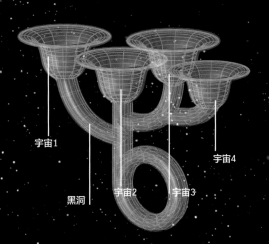

宇宙1

黑洞

宇宙2 宇宙3

宇宙4

3
自我再生的宇宙

一个接受度不太高的理论认为，宇宙产生了自己。在这个理论中，会有几个宇宙在不断地重新创造自我。自我再生的宇宙可以通过超大质量黑洞（Black Hole）传播。

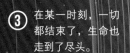

③ 在某一时刻，一切都结束了，生命也走到了尽头。

4
开放的宇宙

关于宇宙的未来，最被广为接受的理论是，宇宙的质量比临界值要低。最新的测量结果似乎表明，目前的宇宙膨胀只是在它死亡之前的一个阶段。终有一天，宇宙将会永远地熄灭。

黑洞
人们相信，通过穿越一个黑洞，有可能穿越太空并了解其他宇宙。这可能是由反引力效应造成的。

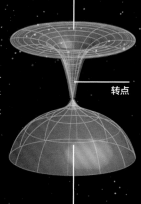

黑洞

转点

新宇宙

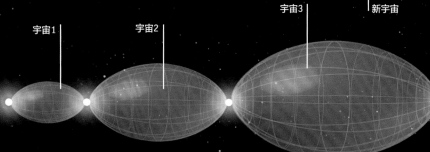

宇宙1 宇宙2 宇宙3

5
婴儿宇宙

根据这个理论，宇宙在不断地产生其他的宇宙。然而，在这种情况下，一个宇宙将在另一个宇宙死亡和消失后产生，而这将产生一个超大质量的黑洞；也正是从这里，诞生了另一个宇宙。这个过程可以不断重复，并且无法确定存在的宇宙的数量。

星系的分类

星系由不断旋转的恒星、气体和尘埃组成。第一代星系在大爆炸的 1 亿年后形成；今天，据估计整个太空大约拥有 2 万亿个星系。它们有着很不相同的形状，在核心聚集着大量的恒星。由于引力的作用，星系倾向于在太空中聚集。在这个过程中，它们形成了成百上千个形状各异的星系群。

草帽星系（Sombrero）

这个星系距地球 2 930 万光年，它的名字可以归因于它的螺旋臂的特殊形状——围绕着一个闪亮的白色核心。

星系碰撞

1925 年，科学家埃德温·哈勃提出存在遥远的星系。仅仅 4 年后，他证实了它们正在远离银河系，这说明宇宙在不断地膨胀。然而，星系往往会相互影响，"星系碰撞"会使星系合并，从而导致气体物质的碰撞。未来的宇宙将由更少、更大、密度更高的星系组成。

① 12 亿年前，天线星系组（NGC 4038 和 NGC 4039）是两个独立的旋涡星系。

② 9 亿年前，两个星系开始互相作用，它们高速向对方冲去。

③ 6 亿年前，它们相互交错，结果之一是星系的形状改变了。

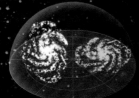

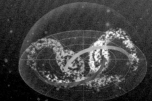

哈勃星系分类法

椭圆星系

由年老恒星组成的球状星系。它们包含少量尘埃和气体。它们的质量大小不一。

旋涡星系

由年老恒星构成的星系核心被一个扁平的恒星盘所环绕，恒星盘中有两个或更多的旋臂。

不规则星系

这类星系没有可定义的形状，因而不能被分类。它们富含气体和尘埃云。

E0	E3	E5	E7	Sa	Sb	Sc

子分类

星系分为不同的类别，根据星系的椭圆程度（对于椭圆星系而言，可分为从 E0 到 E7）以及星系的旋臂和轴的大小（对于旋涡星系而言，可分为 Sa 到 Sc），星系可分为不同的子类别。一个 E0 星系几乎是圆形的，而 E7 星系则是扁平的椭圆状。一个 Sa 星系有一个大的中央轴和一个明显弯曲的旋臂，而一个 Sc 星系有一个较小的轴和伸展的旋臂。

星系团

星系是倾向于形成群体或团簇的天体。作为对引力的回应，它们可以在任何地方形成星系团，其中星系的数量从两个到数千个不等。这些星系团具有不同的形状，而且当结合在一起时，它们被认为会扩展。图中的 Abell 2151 星系团（武仙座星系团）距离地球约 5 亿光年。图上每个点代表一个包含数十亿颗恒星的星系。

④ 3 亿年前，旋臂中的恒星飞离每一个星系。

⑤ 在目前的状态下，两股被驱逐的星流会远离最初的星系。

碰撞

在离地球 3 亿光年的地方，这两个碰撞的星系形成了所谓的"老鼠星系"的一部分；它们的名字来源于从每个星系流出的恒星和气体形成的大尾巴。随着时间的推移，它们会融合成一个更大的星系。

我们的星系：
银河系

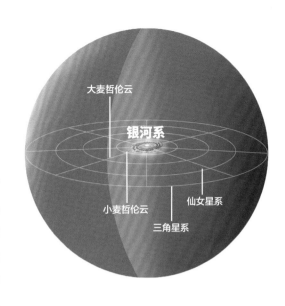

我们所在的星系——银河系，因为其银白色的带状外观而得名。在很长一段时间里，它为什么看起来会是这样，这是一个真正的谜团。1610 年，伽利略把他的望远镜指向银河，看到暗淡的乳白色条带是由成千上万颗恒星组成，它们几乎相互粘在一起。渐渐地，天文学家开始意识到，包括我们的太阳在内的所有恒星都是一个巨大实体——星系的组成部分，星系是一个巨大的恒星家园。

银河系的结构

我们的星系有两条环绕星系核的旋臂。在这些旋臂上，可以找到星系中最年轻的天体，在那里星际气体和尘埃的含量最为丰富。在人马座所在的旋臂上，可以找到宇宙中最明亮的恒星之一——船底座 η 星。我们的太阳系位于猎户座旋臂的内缘，在人马座和英仙座之间。

自转

银河系旋转的速度随着与星系中心的距离而变化。在星系核心和边缘之间，分布着星系中的大多数恒星。由于这里的天体受到数十亿颗恒星引力的影响，这一区域的自转速度要大得多。

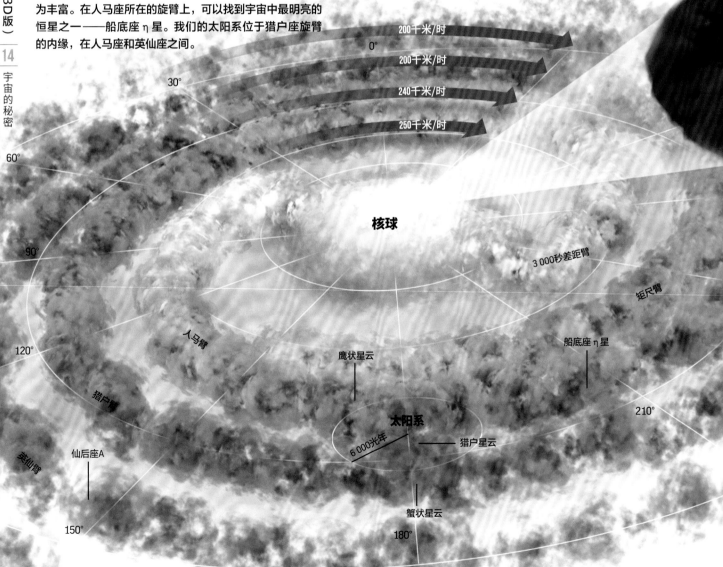

中心区域

银河系的中心轴包含年近 140 亿岁的年老恒星，其内部表现出高度的活跃性。在这里可以找到两团热气体云：人马座 A 和人马座 B。中心区域虽然位于核心区域之外，但这里的一个巨大的云团包含 70 种不同类型的分子。这些气体云团很可能由星系中心的剧烈活动导致。银河系的中心藏身在人马座 A 和 B 的深处。

磁场

银河系的中心被一个强磁场区域包围，可能由旋转的黑洞产生。

热气体

从中心部分的表面喷出，它们可能由吸积盘上的猛烈爆发导致。

黑洞

人们认为，银河系中心被一个黑洞所占据。它的引力会吸引气体，并使其稳定在轨道上运动。

闪耀的星星

那些没有被黑洞吞噬的气体孕育了它们。它们大都是年轻恒星。

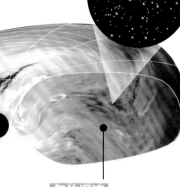

气体涡流

从中心向外，气体可能被黑洞的引力所阻滞并集聚在一起。

确切的中心

银河系核心的特征是强烈的射电活动，这些活动可能由一个大质量黑洞周围的炽热气体形成的吸积盘所产生。

人马座B2

中心区域最大的暗黑云团。

外环

巨大的爆发，使得烟雾和黑暗的尘埃构成的环状分子云膨胀。人们怀疑这可能是中心方向的一个小天体所导致。

240°

外缘旋臂

船底臂

一个多样化的星系

在由光学望远镜拍摄的照片中，银河系中最明亮的中心部分位于人马座。在某些情况下，恒星被稠密的尘埃云遮蔽，使得银河系的某些区域看起来确实很暗。在银河系中找到的天体并不都是同一种类型。比如一些被称为晕族的天体，是分布在星系周围一个球体中的年老天体。其他天体形成一个更扁平的结构，被称为盘族。在旋臂族中，我们能找到银河系中最年轻的天体。

1 000亿~4 000亿

颗恒星栖息在银河系中。它包含的恒星数目如此之多，因而无法将它们区分开。

人马座

它接近银河系的中心，光芒万丈。

黑暗区域

稠密的云团遮蔽了恒星的光芒，因此产生了黑暗区域。

恒星

非常多的恒星共同构成了银河系，我们不可能把它们一一分辨出来。

可见光波段的银河系

组成

许多不同的部分构成了银河系。

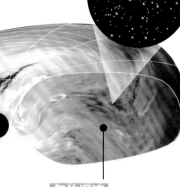

活动星系

有一小部分星系与众不同，它们有着剧烈的高能活动。这可能是因为超大质量恒星死亡后在它们中心形成了黑洞。第一代星系的这类核心很有可能是"类星体"，今天我们能在很遥远的地方看见它们。

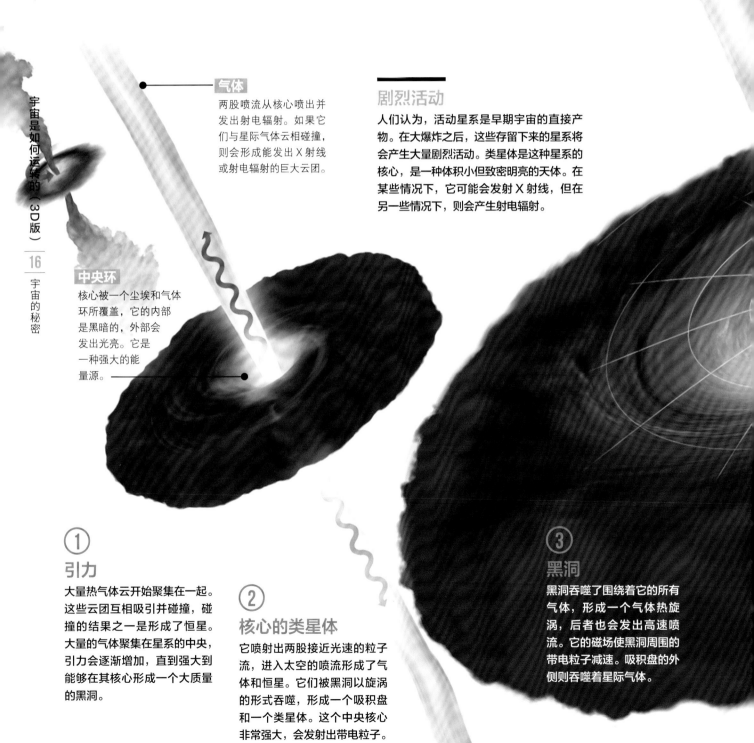

气体

两股喷流从核心喷出并发出射电辐射。如果它们与星际气体云相碰撞，则会形成能发出 X 射线或射电辐射的巨大云团。

剧烈活动

人们认为，活动星系是早期宇宙的直接产物。在大爆炸之后，这些存留下来的星系将会产生大量剧烈活动。类星体是这种星系的核心，是一种体积小但致密明亮的天体。在某些情况下，它可能会发射 X 射线，但在另一些情况下，则会产生射电辐射。

中央环

核心被一个尘埃和气体环所覆盖，它的内部是黑暗的，外部会发出光亮。它是一种强大的能量源。

① 引力

大量热气体云开始聚集在一起。这些云团互相吸引并碰撞，碰撞的结果之一是形成了恒星。大量的气体聚集在星系的中央，引力会逐渐增加，直到强大到能够在其核心形成一个大质量的黑洞。

② 核心的类星体

它喷射出两股接近光速的粒子流，进入太空的喷流形成了气体和恒星。它们被黑洞以旋涡的形式吞噬，形成一个吸积盘和一个类星体。这个中央核心非常强大，会发射出带电粒子。

③ 黑洞

黑洞吞噬了围绕着它的所有气体，形成一个气体热旋涡，后者也会发出高速喷流。它的磁场使黑洞周围的带电粒子减速。吸积盘的外侧则吞噬着星际气体。

分类

活动星系的分类取决于它与地球的距离以及面向地球的方向。类星体、射电星系以及耀变体是同一家族的成员，只是被人类所观测到的角度不尽相同。

类星体

作为宇宙中最强大的天体，类星体距离地球非常远，以至于它们看起来好像是弥散的恒星。它们是遥远星系的明亮核心。

射电星系

射电星系是宇宙中最大的天体。气体喷流从它们延展几千光年的中心喷出。我们无法看到射电星系的核心。

耀变体

耀变体有可能是具有气体喷流的活动星系，喷流方向正对着地球。耀变体的亮度每天都在变化。

星系形成

一个与活动星系相关的星系形成理论认为，可能包括银河系在内的许多星系，都是由其核心的类星体逐渐平静下来形成的。由于周围的气体在恒星形成过程中被合并，没有气体可吸收的类星体失去了它们的能量，变得不活跃。根据这个理论，从类星体到活动星系，再到今天的普通星系，有一个自然的变化过程。

气体云

它们的形成是在宇宙的第一阶段，由大量气体的引力坍塌所致。后来，在它们内部形成了恒星。

不断增强的引力

① 黑暗气体和尘埃云位于其外缘，它们逐渐被黑洞吞噬。

② 气体向内运动，温度逐渐升高。

③ 吸积盘的强大引力拉扯并摧毁恒星。

④ 它的核心非常强大，使其发出带电粒子。

粒子

从黑洞中喷出，它们带有强大的磁场。粒子喷流以接近光速的速度运动。

吸积盘

它由星际气体和恒星残骸形成。其核心的极度高温使它能够发射出 X 射线。

1亿 ℃

黑洞核心的温度可以达到如此之高。

④
稳定星系

人们普遍认为，大多数星系都是由逐渐不活跃的核类星体形成的。当气体聚集在一起形成恒星时，类星体没有气体可以吞噬，因此它们不再活跃。

它们自己的光

在很长一段时间里，恒星对人类来说充满了神秘。今天，人们知道它们是巨大的炙热气体球，组成元素主要包括氢以及少量氦。根据它们发出的光，天文学家可以确定其亮度、颜色和温度。由于距离地球非常遥远，它们看起来是一个个小光点，即使用最强大的望远镜来看也是如此。

赫罗图（赫兹普龙－罗素图）

赫罗图（Hertzsprung-Russell diagram）根据恒星的视亮度、与它们发出光的波长对应的光谱类型，以及它们的温度，对恒星进行分类。质量大的恒星更亮，比如蓝恒星、红巨星以及红超巨星（Red Supergiant）。恒星生命中90%的时间都停留在所谓的主序带上。

光年与秒差距

为了度量恒星之间遥远的距离，人们使用了术语光年（ly）和秒差距（pc）。一光年等同于光在一年内传播的距离：近10万亿千米。如果一颗恒星与地球之间的视差角是1角秒，那么1秒差距就是它们之间的距离。一秒差距等于3.26光年，或31万亿千米。

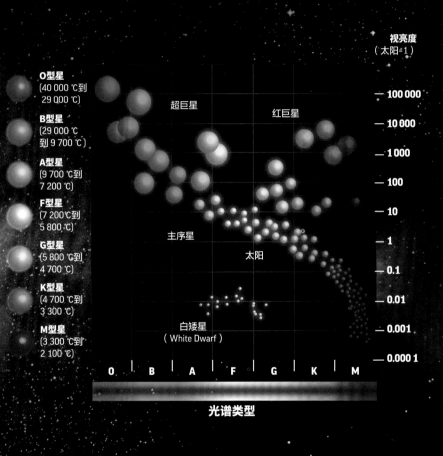

O型星
（40 000 ℃到 29 000 ℃）

B型星
（29 000 ℃到 9 700 ℃）

A型星
（9 700 ℃到 7 200 ℃）

F型星
（7 200 ℃到 5 800 ℃）

G型星
（5 800 ℃到 4 700 ℃）

K型星
（4 700 ℃到 3 300 ℃）

M型星
（3 300 ℃到 2 100 ℃）

视亮度
（太阳=1）

100 000

10 000

1 000

100

10

1

0.1

0.01

0.001

0.000 1

超巨星　　红巨星

主序星

太阳

白矮星
（White Dwarf）

O　B　A　F　G　K　M

光谱类型

距离太阳不到100光年的主要恒星

太阳
（G2）

半人马座α
（G2, K1, M5）

天狼星
（A0型星，白矮星）

南河三（小犬座α）
（F5型星，矮星）

河鼓（牛郎星）
（A7）

织女星
（A0）

北河三
（K0型星，巨星）

大角星
（K2型星，巨星）

五车二
（G6和G2型星，巨星）

光年

0 1 2 3 4 5 6 7 8 9 10 11 12 13 14 15 16 17 18 19 20 21 22 23 24 25 26 27 28 29 30 31 32 33 34 35 36 37 38 39 40 41 42 43 44 45 46 47 48 4

0 秒差距　1　　2　　3　　4　　5　　6　　7　　8　　9　　10　　11　　12　　13　　14　　1

测量距离

当地球围绕太阳运动时，距离最近的恒星看起来好像在由更遥远恒星构成的背景上移动。在地球 6 个月的运动时间上，恒星位置变化的角度被称为视差角。恒星离地球越近，视差角越大。

恒星 A 的视差角较小。因此，它距离地球较远。

恒星 B 的视差角比恒星 A 大，因此它距离地球更近。

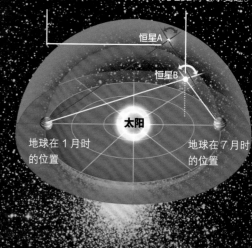

恒星A

恒星B

太阳

地球在 1 月时的位置

地球在 7 月时的位置

颜色

最热的恒星是蓝白色的（O 型、B 型和 A 型星）。最冷的 G 型、K 型和 M 型星是橙色、黄色和红色的。

球状星团

1 000 万颗恒星聚集在一起形成一个巨大的带子：半人马座 Ω。

疏散星团

昴星团（Pleiades）由超过 3 000 颗恒星组成，未来它们将分散到太空的各个部分中。

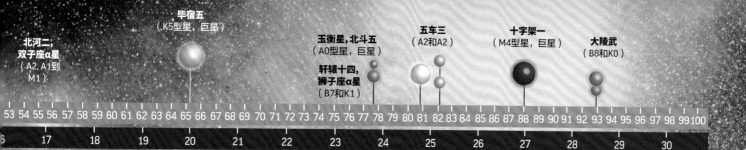

北河二，双子座α星
（A2, A1到M1）

毕宿五
（K5型星，巨星）

玉衡星，北斗五
（A0型星，巨星）

轩辕十四，狮子座α星
（B7和K1）

五车三
（A2和A2）

十字架一
（M4型星，巨星）

大陵武
（B8和K0）

53 54 55 56 57 58 59 60 61 62 63 64 65 66 67 68 69 70 71 72 73 74 75 76 77 78 79 80 81 82 83 84 85 86 87 88 89 90 91 92 93 94 95 96 97 98 99 100

16   17   18   19   20   21   22   23   24   25   26   27   28   29   30

恒星演化

恒星诞生在星云——巨大的气体云中，它主要由飘浮在太空中的氢和尘埃组成。它们能生存数百万甚至数十亿年。通常，从它们的个头能推测出它们的年龄：小恒星一般较年轻，大恒星则接近生命的终点，即将冷却或者爆发为超新星。

大质量恒星 ❯
质量超过太阳质量的 8 倍。

小质量恒星 ❯
质量达不到太阳质量的 8 倍。

恒星的生命循环

恒星的演化过程取决于它的质量。小质量恒星，比如太阳，会度过更长、更平和的一生。当用尽氢后，它们会变成红巨星，并在燃烧殆尽后最终以白矮星终结生命。质量较大的恒星在生命的终点会爆发：最终留下的不过是一个超级致密的残骸——中子星。值得注意的是，质量更大的恒星最终形成了黑洞。

② **恒星**
恒星在主序阶段将氢聚变为氦。

① **原恒星**
由包裹着尘埃云的致密气体核球构成。

原恒星
由于引力作用，气体和尘埃云会坍塌，使温度升高，并分裂为更小的云团。每块云团都形成一个"原恒星"。

② **恒星**
它发出光芒，慢慢地消耗自身的氢储备。它在体积增大的同时发生氦聚变。

① **原恒星**
由气体和尘埃的释放而形成。

95%的恒星

以白矮星终结它们的生命。其他质量更大的恒星爆发为超新星，在数周的时间里照亮整个星系。

③ 红超巨星

恒星膨胀并且温度升高，形成一个重的铁核。

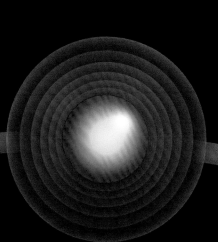

④ 超新星

当恒星无法继续聚变更多的元素，核心会塌缩，从而释放出大量能量。

⑤ 黑洞

如果其初始质量大于太阳质量的 20 倍，那么核心区域会更加致密，并形成一个引力极其大的黑洞。

⑤ 中子星（Neutron）

如果其初始质量在太阳质量的 8 倍至 20 倍之间，最终将形成中子星。

⑥ 黑矮星

如果它完全燃烧殆尽，白矮星会变成黑矮星。我们无法在太空中看见它们。

③ 红巨星

恒星体积继续增大。它的核心温度上升。当氦元素用尽后，它开始碳聚变和氧聚变。

⑤ 白矮星

恒星被气体所包围，并变得暗淡。

④ 行星状星云

燃料用尽后，核心冷凝，外层分离。释放出的气体形成气体云。

红巨星

当一颗恒星用尽了它的氢储备后，便开始走向死亡。此时，恒星核心变成了一个氦球，反应开始停止。氦球保持明亮，直到它耗尽自身，然后核心会收缩。恒星的外层持续膨胀，直到变成一个红巨星，最后才冷却下来。

恒星的一生

红巨星

壮观的维度

当恒星用尽氢后，它会膨胀到太阳直径的 200 倍。然后氦开始燃烧，体积变小，直到变成太阳的 10 ~ 100 倍大小。这时，它的增长会稳定下来，直到数十亿年后死亡。比如超巨星会在爆发前坍塌。

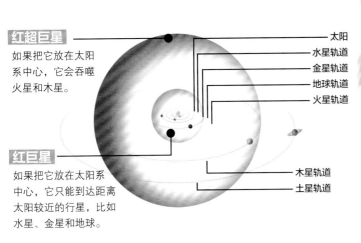

红超巨星
如果把它放在太阳系中心，它会吞噬火星和木星。

红巨星
如果把它放在太阳系中心，它只能到达距离太阳较近的行星，比如水星、金星和地球。

太阳
水星轨道
金星轨道
地球轨道
火星轨道
木星轨道
土星轨道

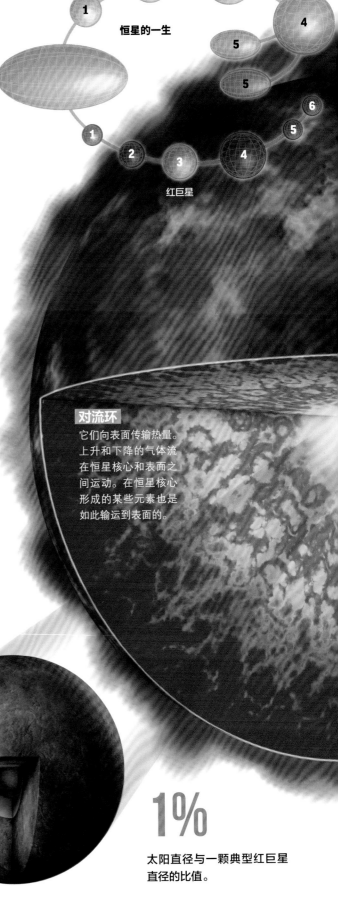

对流环
它们向表面传输热量。上升和下降的气体流在恒星核心和表面之间运动。在恒星核心形成的某些元素也是如此输运到表面的。

核心区
由于缺少氢而收缩，红巨星的核心区比一般恒星核心区小 10 倍。

1. **氢** 当核心区的氢用尽后，核心区外部的氢仍在燃烧。

2. **氦** 它是氢燃烧的产物。

3. **碳和氧** 它们是氦燃烧的产物，在红巨星的核心发生聚变。

4. **温度** 当氦燃烧时，核心的温度会达到 1 亿 ℃。

1%

太阳直径与一颗典型红巨星直径的比值。

60亿年

这是太阳最终吞噬地球所需要的时间。

热点
它们在大量炙热气体流到达红巨星表面时出现。在邻近红巨星的表面可以看到它们。

尘粒
它们在外层大气中凝聚，然后通过恒星风的方式分散开来。尘埃分散在整个星际空间中，在那里形成了新一代恒星。

白矮星

在经历了红巨星这个阶段后，像太阳这样的恒星会失去它的外层，形成一个行星状星云。它的中心是一颗白矮星——一种非常高温（200 000 ℃）和致密的天体。当它完全消失时，它会变成一颗黑矮星。

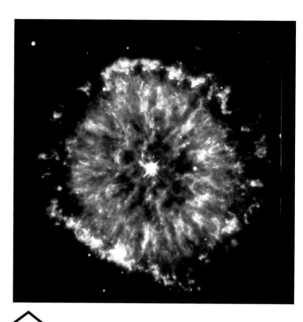

星云NGC 6751

当恒星中心的核反应停止后，恒星会抛射出它的外层，而后者会形成一个行星状星云。

太阳的未来

与任何典型的恒星一样，太阳燃烧氢燃料。消耗它的氢储备还需要 50 亿年；直到这时，它才会变成一颗红巨星。它的亮度会增亮几倍，然后膨胀，直到吞噬水星甚至是地球。一旦变得稳定，它会作为一颗巨星存在 20 亿年，直到变成一颗白矮星。

④ **红巨星**
此时的太阳半径将超过地球的轨道半径。

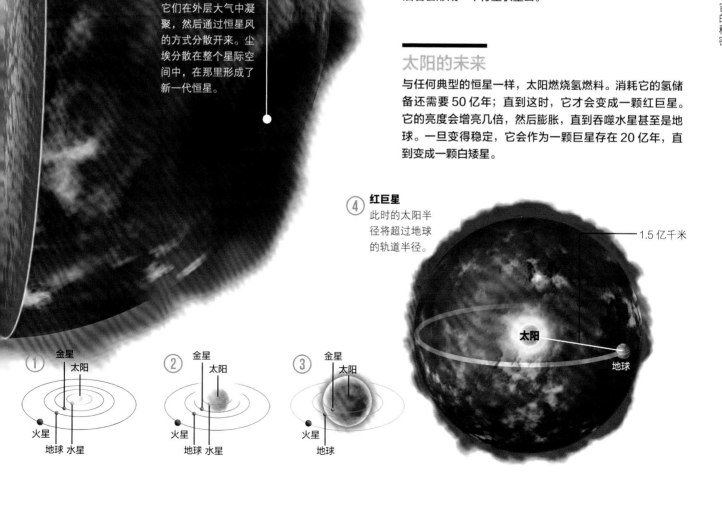

1.5 亿千米

太阳

地球

① 金星 太阳 火星 地球 水星

② 金星 太阳 火星 地球 水星

③ 金星 太阳 火星 地球

气体壳层

当小质量恒星死亡时，留下的只有巨大的膨胀气体壳层，它们被称作"行星状星云"。总体上，它们是对称的球形天体。如果用望远镜观看，可以在若干星云——原始恒星的残骸中心看到一颗白矮星。

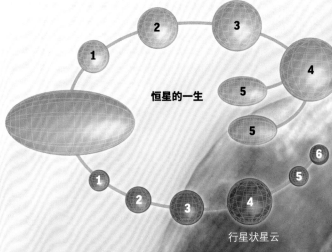

恒星的一生

行星状星云

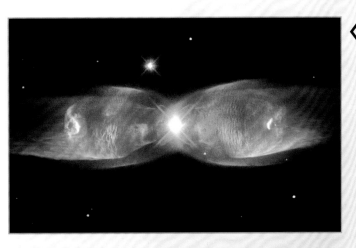

M2-9
蝴蝶星云包含两颗恒星，它们在一个体积为冥王星轨道10倍的气体盘内互相绕转。该星云距离地球2100光年。

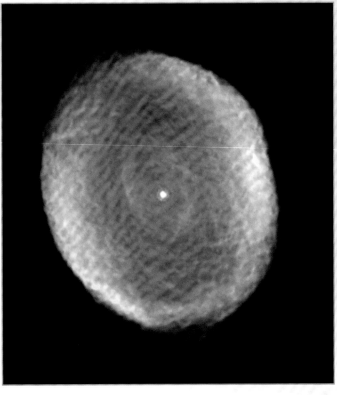

IC 418
万花尺星云有一个炽热明亮的核心，激发着邻近的原子，使它们发光。它距离地球2000光年，直径为0.3光年。

氢
除了氢，以及少量氧、氮和其他元素，不断膨胀的气体质量的主要构成成分是氢。

两倍

白矮星的表面温度是太阳表面温度的两倍，所以呈现白色，但是因为白矮星尺寸比较小，所以光度（温度的四次方和天体半径平方的乘积）是太阳的千分之一。

3吨

一勺白矮星，虽然体积与一勺奶油相仿，但它们的质量却天差地别。一勺奶油的质量很轻，一勺白矮星却有 3 吨重。虽然白矮星的直径（1.5 万千米）与地球的直径差不多，但白矮星的质量却比地球大很多很多。

同心圆

气体圈在白矮星周围形成了洋葱圈结构。每个白矮星的质量都比太阳系所有行星质量的总和还要大。

白矮星

在星云的中心可以找到红巨星的残余。这颗恒星冷却下来，直到某一阶段完全消失。结果，它变成了一颗黑矮星，再也无法被看到。

NGC 7293

螺旋星云（Helix）是一个行星状星云，是与太阳类似的一颗恒星在其生命终点的产物。它距离地球约 700 光年。

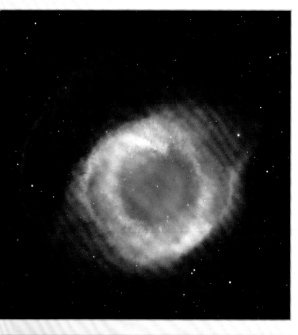

MYCN 18

两个气体环构成了沙漏星云的轮廓。红色代表氮，绿色代表氢。这个星云距离地球 8 000 光年。

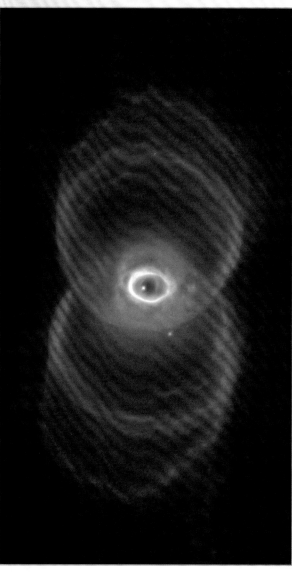

直径较大

质量较小的白矮星

直径较小

质量较大的白矮星

白矮星的密度

白矮星的密度比水的密度大 100 万倍。换句话说，1 立方米的白矮星将重达 100 万吨。恒星的质量各不相同，并且与它的直径成正比。一颗直径是太阳直径的百分之一的白矮星，其质量却是太阳的 70 倍。

超新星

恒星在生命尽头的爆发非同寻常，它们的亮度会突然增加，释放出大量的能量。这个过程被称为超新星爆发。它们在 10 秒钟内释放的能量，比太阳在整个生命中释放的能量还要大 10 倍。恒星爆发后，会留下一个气态残余物。它会继续膨胀，并在数百万年的时间里将光芒投向整个星系。据估计，在银河系中，每个世纪会有两个超新星爆发。

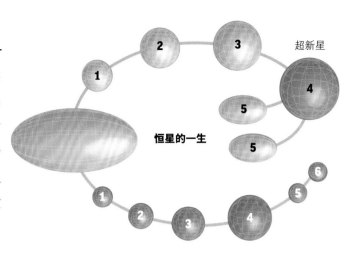

超新星

恒星的一生

一颗恒星的衰落

恒星生命终点的爆发，是由于它极其沉重的铁核已无法支撑自身的引力。当恒星内部核聚变不再可能时，它会自行坍塌，将剩余气体向外排出，然后它们在几千年的时间里不断膨胀、发出光芒。被抛出的元素为星际介质提供了新的材料，使它能够产生新一代的恒星。

核心

分成不同的层，每一层对应着核反应产生的不同元素。坍塌前最后产生的元素是铁。

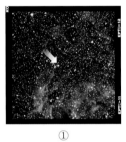

① ②

爆发前后

左图中①描绘的是超新星 1987A 爆发之前的大麦哲伦云的一部分。大麦哲伦云是一个不规则的星系，距离地球 17 万光年。左图中②是超新星。

超巨星

一旦开始膨胀，它的大小能超过太阳直径的 1 000 倍。这种恒星可以产生比碳和氧更重的元素。

聚变

这种核反应比红巨星中的核反应更迅速。

致密核心

其他元素

当铁核致密到无法承受它自身的重量时，它会向内坍塌，然后开始合成比铁更重的元素，比如金和铀。

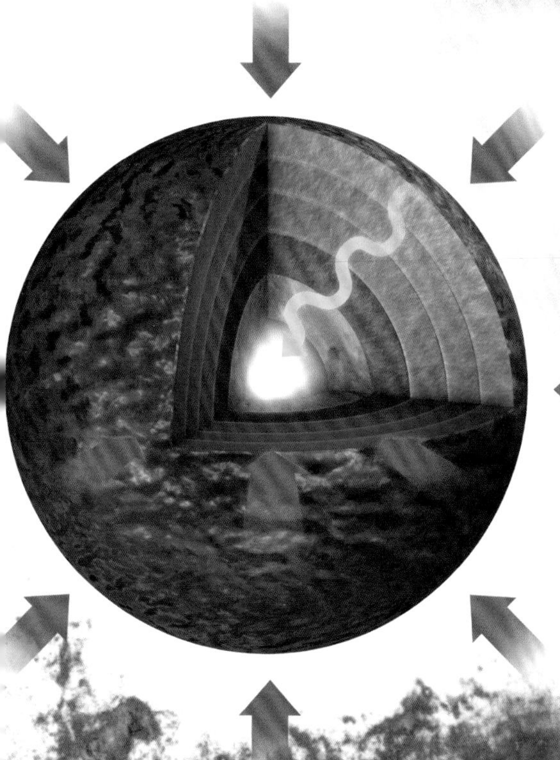

爆发

恒星以一次剧烈的爆发结束生命。爆发后的几周内，超新星继续释放出大量能量。有时，它释放的能量超过了它所在星系释放的能量。它的亮度能在几周的时间内照亮星系。

最终

形成一颗中子星或黑洞，这取决于死亡恒星的初始质量。

蟹状星云（M1）

早在 1054 年，中国曾经观测到的一颗超新星，后来形成了蟹状星云。它距离地球 6 500 光年，直径 6 光年。形成该星云的恒星初始质量大约为太阳质量的 10 倍。

恒星残骸

当恒星爆发为一颗超新星时，它会将爆发前核心的一系列重元素（碳、氧、铁）留在太空。这些残骸可能会形成星云，就像蟹状星云，在它的中心可以找到一颗每秒转动 33 次并发出 X 射线的脉冲星。这是一种非常强的辐射源。

气体纤维

被超新星抛出后，以 1 000 千米 / 秒的速度向外膨胀。

宇宙是如何运转的（3D版）

27

宇宙的秘密

最终的黑暗

恒星核心演化的最后一步是形成一个非常致密的天体。其本质取决于恒星坍塌时的质量。较大的恒星最终会形成黑洞。这类天体非常致密，即使光线也无法逃离它。

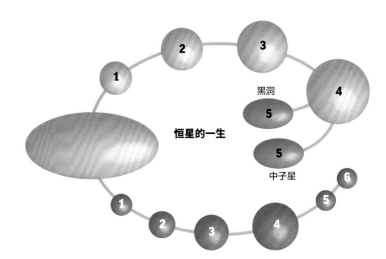

恒星的一生

黑洞
中子星

黑洞的发现

探测太空中黑洞的唯一办法是探测它对临近恒星的影响。由于黑洞施加的引力非常强大，临近恒星的气体被高速吸引过来，螺旋状似的靠近黑洞，并形成一个被叫作吸积盘的结构。气体之间的摩擦加热了它们，直到它们发出明亮的光。吸积盘中最热的部分是X射线的发射源，温度可以达到1亿摄氏度。通过施加强大的引力，黑洞吸引靠近它的所有东西，就连光线也无法逃避它的引力。黑洞是不透明的，而且即使用最先进的望远镜也看不到它。

吸积盘
由黑洞从邻近的恒星中吸收的气体积累而成。气体以极高的速度旋转，在离黑洞很近的区域会形成X射线的辐射。

X射线
气体进入黑洞并被加热。这导致了X射线辐射。

光束

完全逃离
当光线从离黑洞中心很远的地方经过，它沿着原来的路线传播。

接近极限
视界是决定物体是否会被黑洞吸收的边界。如果光线尚没有穿过视界，那么它仍能保持自身的亮度。

黑暗
和其他任何物体一样，如果光线从非常靠近黑洞中心的区域穿过，它将被因禁在黑洞中无法逃离。

横截面
吸积盘
X射线
炽热气体
黑洞

发光气体
当吸积盘以极快的速度吞噬气体时，最靠近核心的部分会发出强烈的光。在边缘处，它看起来较冷、较暗。

中子星

如果恒星的初始质量在太阳质量的 10 ～ 20 倍之间，那么在演化的终点，它的质量要比太阳大。虽然在核反应过程中，它已经失去了大部分物质，但仍会形成一个非常致密的核心，最终形成一颗"中子星"。

质量损失

在生命的最后阶段，中子星损失了 90% 以上的初始质量。

① **红巨星**
它的直径比太阳直径大 100 倍。

② **超巨星**
它不断长大，并快速合成元素，形成碳和氧，直到最后形成铁。

③ **爆发**
铁核坍塌，质子和电子结合在一起，形成中子。

④ **致密核心**
它确切的构成目前仍然未知。它包括互相作用粒子，其中大部分为中子。

10亿吨

这是一勺中子星的重量。虽然它的大小和一勺花生酱相似，但质量却大不相同。一勺花生酱的重量很轻，一勺中子星的重量却能达到 10 亿吨。中子星有一个紧凑而致密的核心，引力极其强烈。

时空弯曲

相对论认为，引力不是一种力，而是空间的扭曲。这种扭曲产生了一个引力势阱，它的深度取决于物体的质量。通过空间的曲率，物体被其他物体所吸引。

脉冲星

脉冲星是发射射电波的中子星。第一个脉冲星在 1967 年被发现。它每秒旋转 30 次，具有非常强的磁场。在自转时，脉冲星从它的两极发出射电波。如果从临近的恒星吸引并吞噬气体，它会在表面形成发射 X 射线的热点。

① **太阳** 形成较浅的引力势阱。

② **白矮星** 形成更深的引力势阱，以更快的速度拖拽进物体。

③ **中子星** 吸引物体的速度接近光速的一半。其引力势阱效应更加明显。

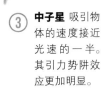

④ **黑洞**
离黑洞太近的物体会被它吞噬。黑洞的引力势阱无限大，能永远地囚禁物质和光。视界面是物质被吞噬和不被吞噬的分界面。有些科学家认为存在所谓的虫洞——反引力的隧道。通过虫洞在宇宙中穿梭，在理论上是可能的。

虫洞

入口

出口

自转轴

磁场

中子星

射电波束

可能的固态核心

吞噬超巨星的气体

双星系统中脉冲星的吸积过程与黑洞吸积过程相同。面对一颗质量较小的邻近恒星，其引力会吸引和吞噬邻近恒星的气体，使星体表面升温。因此，脉冲星能够发射 X 射线。

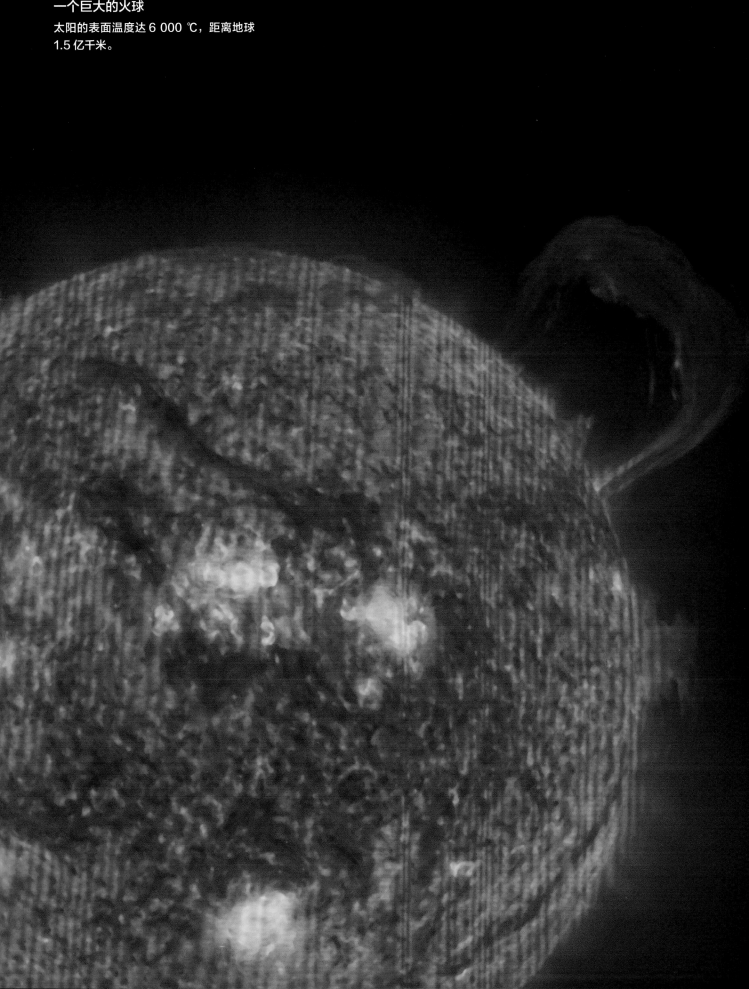

一个巨大的火球

太阳的表面温度达 6 000 ℃，距离地球
1.5 亿千米。

CHAPTER 2

太阳系

在银河系众多恒星中，有一颗位于银河系的旋臂上的中等质量恒星——太阳。这颗恒星及其行星，以及围绕它转动的天体一起构成了太阳系——一个在46亿年前形成的恒星系统。

太阳系

行星、卫星、小行星、其他岩石物体以及无数围绕太阳的彗星组成了太阳系，它们一起占据了直径约为 150 亿千米的空间。行星围绕太阳运动的椭圆形路线被称为"公转轨道"。这一运动是太阳引力场和行星运动动态平衡的产物。今天，由于天文学的进步，我们已经确认了近 3 500 颗系外行星以及 600 多个多行星系统。

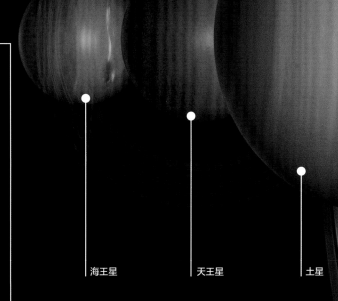

行星类型

我们的太阳系有 8 颗行星围绕太阳运转。行星和太阳之间的距离决定了行星的类型：最接近太阳的是小个头的岩质行星，而距离最遥远的是大个头的气态行星。

行星的形成

最初人们认为，太阳系的行星是通过将高温气体尘埃聚集在一起逐渐形成的。今天，科学家们则认为，它们是由两个被称为"星子"的大型天体碰撞、合并产生的。

① **起源**
太阳形成之后的残余物形成了气体和尘埃盘，星子由此而来。

② **碰撞**
发生碰撞时，不同大小的星子与其他质量更大的天体融合在一起。

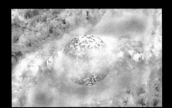

③ **加热**
这些碰撞在恒星内部产生大量热量，其多少取决于它们与太阳的距离。

海王星　　　天王星　　　土星

带外行星

位于小行星带之外的行星。它们是巨大的气态球体，有小而坚固的内核。因为与太阳距离非常遥远，它们的温度极低；只有它们能够维持行星环。气态星球中体积最大的是木星，其体积是地球的 1 300 倍。

太阳引力

太阳对行星的引力作用不仅使它们保持在太阳系的范围内，还影响着它们旋转的速度。离太阳最近的行星比那些离太阳较近的行星运行得更快。

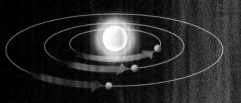

带内行星

位于小行星带内的行星。它们是固体行星，内部发生着各种地质现象，如能够改变它们表面的火山活动。几乎所有带内行星都有明显的大气，尽管大气层厚度不同；这对于每个行星的表面温度都起着关键作用。

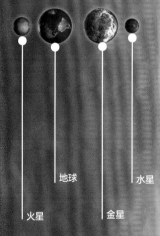

火星

地球

金星

水星

木星

轨道

一般来说，行星在被称作黄道面的平面上运动。

大多数行星绕着自身的自转轴逆时针旋转。然而，金星和天王星的自转方向是顺时针的。

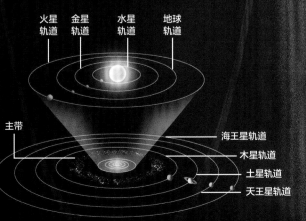

火星轨道　金星轨道　水星轨道　地球轨道

主带

海王星轨道

木星轨道

土星轨道

天王星轨道

小行星带

数百万个不同大小的岩石碎片组成了一个环状的小行星带。它是内行星和外行星之间的分界。小行星带的运动被认为受到了木星引力作用的影响。

一个非常温暖的"心脏"

太阳是由极其炎热、致密的气体组成的巨大球体。它主要由氢（71%）和氦（26%）组成，此外还有少量碳、氮、氧等元素。太阳是人类光和热的主要来源。太阳发出的光和热主要来自氢原子核的聚变。

传统行星符号 ——太阳

基本数据

与地球的平均距离
1.5亿千米

赤道直径
140万千米

轨道速度
220千米/秒

质量(地球质量取为1)
33.29万

重力(地球表面重力取为1)
28

密度
0.255 克/厘米³

平均温度
5 500 ℃

大气
致密

卫星
二

核聚变

太阳核心有着超乎寻常的高温，会让氢原子核互相融合，在低能状态下，这些原子核互相排斥。但太阳中心的状态会让它们克服斥力，发生核聚变。经过一系列核反应，每四个氢原子核会形成一个氦原子核。

对流区

这个区域从光球的底部向下延伸至太阳半径15%处。在对流层，能量通过气体流动（对流）向外传递。

辐射区

来自日核的粒子会穿过这个区域。一个光子需要 50 万年才能穿过辐射区。

8 000 000 ℃

① **核碰撞**

两个氢原子核（两个质子）互相碰撞并融合在一起。一个氢原子核转变为中子，另一个形成氘，同时放出一个中微子、一个正电子，以及大量的能量。

正电子

质子

中子

中微子

氘

光子

② **光子**

形成的氘会与一个质子碰撞，形成一个伽马射线光子。这个光子充满能量，需要约 3 万年到达光球层。

氦原子核

氘2

氘1

③ **氦核**

两个质子和一个中子的集合与另一个这样的集合碰撞，形成一个氦原子核，并释放出两个质子。

质子1

质子2

太阳表面及大气

太阳可被看到的部分是一个光球,由源自太阳核心的炙热气体组成。气体的火焰形成穿过该层的等离子体。然后,它们穿透被称为"太阳大气"的厚厚气体层。在这里,色球层和日冕两种结构互相交错。太阳核心产生的能量大约要花费几千年的时间才能穿过光球层表面以及太阳大气。

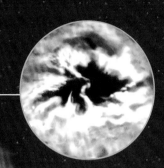

太阳黑子
它们组成的气体区域(4 000 ℃)比光球层温度(5 600 ℃)低。因此,看起来也更暗。

日核
它只占太阳体积的2%,却约占其总重量的一半。这里的温度和压强都很高,有热核聚变发生。

15 000 000 ℃

色球(Chromosphere)
在光球层之上,能找到厚度约为5 000千米的色球。它的密度更小,温度也随着与太阳核心距离的不同,在4 500~500 000 ℃之间变化。

500 000 ℃

针状体
这些竖直凸起的气体喷流属于色球层。它们的高度经常能达到1万千米。

超针状体
这类竖直的喷流与针状体类似,但高度能达到4万千米。

光球
这是太阳的可见表层。它由炙热、浓厚的等离子态气体组成。在其最外层,气体密度下降,透明度上升。因此,太阳辐射能以光的形式进入太阳以外的空间。

5 600 ℃

日冕
位于色球层之上。它能一直延伸到太空中几百万千米之遥,而且温度极高。

1 000 000 ℃

日珥
它是源自色球并延伸至日冕的气体团和气体云。由于受到磁场运动的制约,它们看起来呈弓形或波浪形。

太阳耀斑
它们是从太阳大气喷发而出的喷流,可能会干扰地球的无线电通信。

水星

水星是离太阳最近的行星，因此它的平均温度可以达到 167 ℃。它的运行速度很快，每 88 天绕太阳公转一圈。它几乎没有大气层，行星表面是干燥和粗糙的，布满了陨石撞击形成的陨石坑和无数断层。

核心

致密且体积较大的核心是由铁组成的。人们认为，其直径为 3 600 ～ 3 800 千米。

500 千米

3 600 千米

伤痕累累的表面

在水星表面，有可能找到不同大小的陨石坑、平地和山丘。最近，在水星的两极地区发现了冰冻水的证据。极地冰可能位于非常深的陨石坑底部，这防止了冰被阳光融化。

卡洛里斯盆地

盆地的直径为 1 550 千米，是太阳系中的大陨石坑之一。太阳系中最大的陨石坑是火星上的乌托邦平原，直径达 3 300 千米。

陨石坑被淹没在熔岩中。

在撞击形成陨石坑时，水星仍处于形成过程中：膨胀的力量形成了山丘和山脉。

伦勃朗撞击坑
（Rembrandt crater）

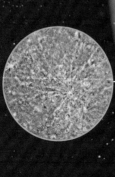

水星的第二大盆地（直径715千米）。在撞击形成陨石坑时，水星仍处于形成过程中：传播的激波形成了山丘和山脉。

肮脏的大气

水星几乎没有大气，它只有非常薄的一层气体，无法阻挡太阳或陨石对行星的影响。因此，水星白天和晚上的温差极大。

白天，太阳直射令水星表面炽热。

夜间，水星表面的热量迅速耗散，温度下降。

473 ℃

−183 ℃

构成成分和磁场

和地球一样，水星也有磁场，虽然其磁场比地球的弱得多（大约为地球磁场强度的 1%）。水星的磁场源自其固态铁组成的巨大核心，包围着核心的水星幔层是一层薄薄的液态铁和硫。

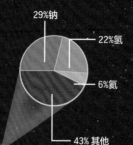

29%钠
22%氢
6%氦
43%其他

幔层
幔层主要由硅基岩石组成。

壳层
它由硅酸盐岩石构成，与地球的地壳和地幔类似。它的厚度在 500 ～ 600 千米之间。

基本数据

与太阳平均距离
5 790 万千米

公转周期（水星年）
88天

赤道直径
4 880 千米

公转速度
47.87 千米/秒

质量（地球质量取为1）
0.06

重力（地球重力取为1）
0.38

密度
5.427克/厘米³

平均温度
167 ℃

大气
几乎没有

卫星
无

轴倾角
0.1°

自转周期
59天

自转和公转

水星的自转速度较慢，大约需要 59 天的时间完成一个完整的自转周期，但它只需要 88 天就能完成一圈公转。对于水星上的观察者来说，这两种运动结合在一起，会使两次日出之间的间隔长达 176 天。

水星围绕太阳的公转轨道

③ ② ④ ① ⑤ ⑥ ⑦

每个数字都代表着从水星观察到太阳在天空的一个位置。

③ 太阳到达天空中最高点。（中天）并停止上升。

④ 太阳微微地向后运动。

② 太阳升高并逐渐变大。

⑤ 太阳再次在天空静止。

⑥ 太阳继续前进，直到到达地平线。

① 太阳升起。

⑦ 太阳落下地平线。

水星的视界

金星

金星是离太阳第二近的行星。它的大小与地球相似，行星表面火山密布，大气层不算友好，充满二氧化碳气体并且深受其影响。40 亿年前，地球和金星的大气层是相似的；今天，金星上的大气质量是地球的 100 倍。它的硫酸和尘埃云浓厚密集，在金星上无法看到闪烁的星星。

厚重大气层的影响

以二氧化碳为主的大气在金星产生了温室效应，行星表面温度上升至约 462 ℃。因此，虽然金星比水星距离太阳远，而且只有 20% 的阳光能到达金星表面（由于其稠密大气的阻挡），但金星温度比水星更高。金星的大气压力是地球上大气压力的 90 倍。

8 000 ℃

核心的温度。

核心

它被认为与地球核心类似，含有铁和镍（Nickel）及硅元素。金星没有磁场，原因可能是自转速度较慢。

幔层

由熔融岩石组成，负责吸收太阳辐射。

传统行星符号
——金星

基本数据

与太阳的平均距离
1.08亿千米

公转周期（金星年）
224天17小时

赤道直径
1.21万千米

公转速度
35.02千米/秒

质量（取地球质量为1）
0.08

重力（取地球表面重力为1）
0.9

密度
5.25克/厘米³

平均温度
460 ℃

大气层
非常浓密

卫星
无

轴倾角
117°

自转周期
243天

96.5%的
二氧化碳

3.5%的氮和
其他气体

大气

金星看起来会发光，因为它那厚厚的、令人窒息的大气层是由二氧化碳和硫黄云组成的，它们能反射太阳光。

80千米

金星大气层的厚度。

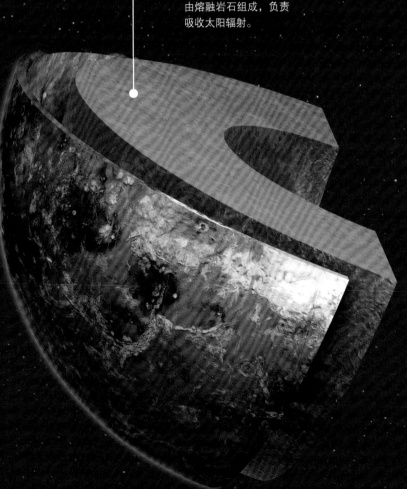

金星的相位

当金星围绕太阳运行时,从地球上看到它表面面积的多少,取决于它的位置和太阳与我们的位置。也就是说,它有像月球那样的相位变化。当它离太阳最远的时候,即在大距时(从地球上看,太阳和行星之间的角度)最为耀眼,因此,可以在日落后或日出前看到它。

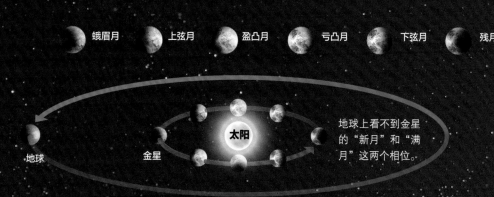

蛾眉月　上弦月　盈凸月　亏凸月　下弦月　残月

太阳

地球　金星

地球上看不到金星的"新月"和"满月"这两个相位。

行星表面

从诞生之日起,金星的表面从未改变。它现在的表面有5亿年的历史,岩石表层由强烈的火山活动形成。整个行星以广阔的平原、巨大的熔岩流和诸多山脉为主。其表面的光泽来自其中的金属化合物。

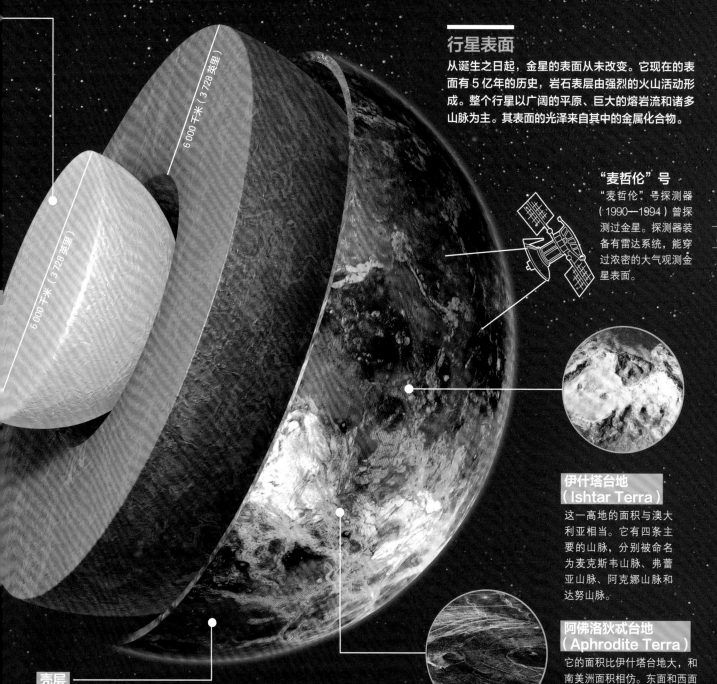

6 000 千米(3 728 英里)

6 000 千米(3 728 英里)

"麦哲伦"号

"麦哲伦"号探测器(1990—1994)曾探测过金星。探测器装备有雷达系统,能穿过浓密的大气观测金星表面。

伊什塔台地
(Ishtar Terra)

这一高地的面积与澳大利亚相当。它有四条主要的山脉,分别被命名为麦克斯韦山脉、弗蕾亚山脉、阿克娜山脉和达努山脉。

阿佛洛狄忒台地
(Aphrodite Terra)

它的面积比伊什塔台地大,和南美洲面积相仿。东面和西面为山脉,中间被低地隔开。

壳层

它由硅酸盐组成,比地球的地壳厚。

火星

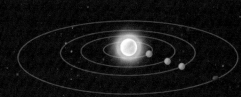

由于行星表面被氧化铁覆盖，因此火星被称作"红色行星"。火星的大气层比较薄，而且不是非常浓密，主要成分为二氧化碳。它的自转周期、轴倾角以及内部结构都与地球相似。虽然在火星表面看不到水，但它的两极是冰的藏身之处。人们相信，过去火星的水含量曾经很高，在地下可能还有水。

火星轨道

火星的轨道比地球的更扁，这导致它与太阳的距离变化更大。在处于近日点时，火星接收的太阳辐射比在远日点时要多 45%。火星的表面温度在 −140 ～ 17 ℃之间变化。

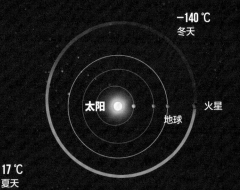

−140 ℃
冬天

太阳

地球

火星

17 ℃
夏天

飞向火星

除月球之外，火星比太阳系中的其他任何天体都更有吸引力。

幔层

这里熔岩的密度大于地球表面。

卫星

火星有两颗卫星，火卫一和火卫二，它们的密度都比火星大，而且有陨石坑。这两颗卫星由富含碳的岩石组成。火卫二每 30.3 小时绕火星运行一周，而距离火星更近的火卫一只需要 7.66 小时。天文学家们认为，这些卫星是被火星引力吸引的小行星。

火卫二

直径
15 千米
与火星的距离
23 540 千米

火卫一

直径
27 千米
与火星的距离
9 400 千米

6 794千米

火星的直径，约为地球直径的一半。

化学成分

火星是一颗岩石行星，有一个富含铁的核心。火星的大小几乎是地球的一半，有着与地球类似的自转周期，以及明显可见的云、风和其他天气现象。它稀薄的大气由二氧化碳构成，其红色来自于它富含氧化铁的土壤。

行星表面

火星表面由火山活动、陨石撞击、洪水和风塑造而成，它既没有植被也没有水。它的地形特征是巨大的火山和被火山熔岩淹没的平原。其南半球主要为山脉，北半球则是以平原为主。

奥林匹斯山

这是火星甚至整个太阳系中最大的休眠火山。

珠穆朗玛峰 8 844米

奥林匹斯山 21 229米

水手谷（Valles Marineris）

水手谷的起源可能是由于水侵蚀的影响。

极地冰盖

在火星北极，冰冻水层的直径为 1 000 千米，厚度为 2 千米，被一层干冰（CO_2）所覆盖。

1,700 千米

3,294 千米

奥林匹斯山

塔尔西斯山群

水手谷

太阳湖

核心

相对较小，很可能由铁构成。

95.3% 二氧化碳

2.1%氧气、一氧化碳、水汽以及其他气体

2.6%氮气

大气

它稀薄的大气中含有二氧化碳，并且具有独特的云层、气候和盛行风。

南极

壳层

由固体岩石组成的薄层，厚度为 50 千米。

轴倾角

25.2°

自转周期

24时37分22.6秒

传统行星符号——火星

基本数据

与太阳的平均距离
2.279亿千米

公转周期（火星年）
1.88年

赤道直径
6 794千米

公转速度
24.13千米/秒

质量（取地球质量为1）
0.107

重力（取地球表面重力为1）
0.38

密度
3.93克/厘米³

平均温度
–63 ℃

大气
非常稀薄

卫星
2颗

木星

木星是太阳系中最大的行星。它的直径是地球的 11 倍，质量是地球的 300 倍，它以每小时 4 万千米的速度自转。其大气最显著的特征之一就是所谓的"大红斑"。这是一个巨大的高压湍流区域。在木星周围，有几颗卫星和由小颗粒组成的小光环围绕着它。

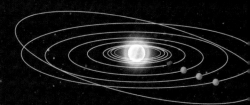

化学成分

木星这颗大个头行星由液态氢和氦构成。人们对它的核心知之甚少，也不可能测量它的大小。然而，其核心被认为是一种高密度的金属固体。

传统行星符号
——木星　♃

基本数据

到太阳的平均距离
7.78亿千米

公转周期（木星年）
11年312天

赤道直径
14.28万千米

公转速度
13.07千米/秒

质量（取地球质量为1）
318

重力（取地球表面重力为1）
2.36

密度
1.33克/厘米³

平均温度
−120 °C

大气
非常浓密

卫星
79颗

轴倾角
3.1°

自转周期
9时50分30秒

壳层
厚度为 1 000 千米。

37 700千米

27 000千米

核心

内幔层
由金属氢组成，这种元素只有在非常高的温度和压力下才能找到。

外幔层
由液态氢和氦组成。外幔层与行星大气融合在一起。

79颗卫星

其中有 12 颗卫星于 2018 年被天文学家发现，使得木星的已知卫星数量增加到了 79 颗。

伽利略卫星

在木星的诸多卫星中，有四颗可以从地球上用双筒望远镜看到。为了纪念其发现者，它们被称作伽利略卫星。人们认为，伽利略卫星上有活火山，而其中的一颗欧罗巴，可能在冰层下有海洋。

木卫二欧罗巴
3 200 千米

木卫三
5 268 千米

木卫一
3 643 千米

木卫四
4 806 千米

光环

由木星的 4 颗内部卫星所释放的尘埃形成。

2.6万千米

"大红斑"的长度。

风

木星表面的风从彼此相反的方向但互相邻近的地带吹来。它们之间温度和化学成分的细微变化形成了木星上彩色的条纹。恶劣的环境，比如速度超过 600 千米 / 时的风，能引起风暴，比如大红斑。人们认为大红斑主要由含氨气体和冰云组成。

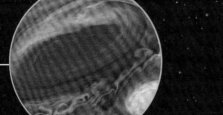

6.5 亿千米

在太阳系中，木星的磁层（Magnetosphere）最大。它的大小和形状取决于它与太阳风的相互作用（太阳每秒钟释放的物质）。

木星的磁性

木星的磁场比地球的强 2 万倍。它被巨大的磁泡——磁层包围，磁尾延伸到了土星的轨道之外。

大气

它包含了内部液体和固体核心层。

90%
氢气

10%含甲烷和氨的氦

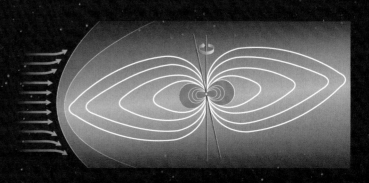

土星

和木星一样，土星是一个包含小型固体内核的巨大气体球。对旁观者来说，它看起来就像一颗黄色的星星；然而，在望远镜的帮助下，可以清晰地分辨出它的光环。它与太阳的距离比日地距离远 10 倍，是所有行星中密度最小的，因此它甚至可以漂浮在海面上。

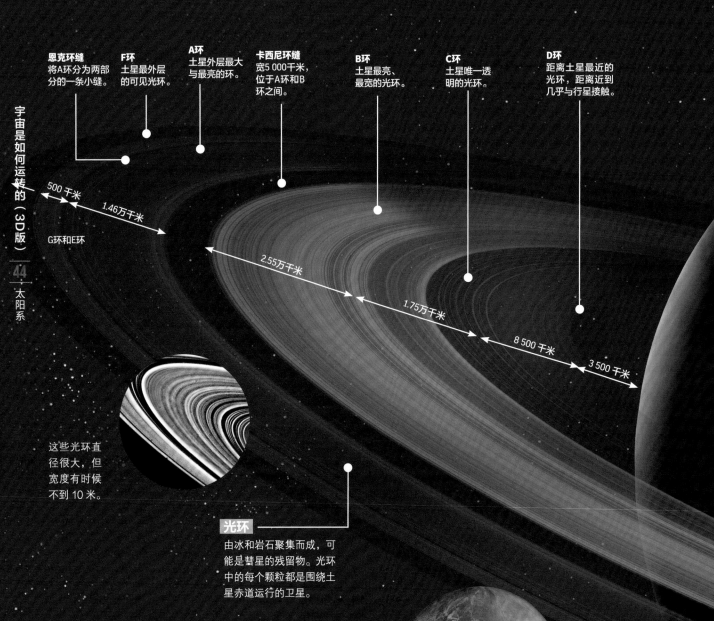

恩克环缝
将A环分为两部分的一条小缝。

F环
土星最外层的可见光环。

A环
土星外层最大与最亮的环。

卡西尼环缝
宽5 000千米，位于A环和B环之间。

B环
土星最亮、最宽的光环。

C环
土星唯一透明的光环。

D环
距离土星最近的光环，距离近到几乎与行星接触。

500 千米

1.46万千米

G环和E环

2.55万千米

1.75万千米

8 500 千米

3 500 千米

这些光环直径很大，但宽度有时候不到 10 米。

光环
由冰和岩石聚集而成，可能是彗星的残留物。光环中的每个颗粒都是围绕土星赤道运行的卫星。

62颗卫星
已经被记录在案。这些卫星的大小各不相同：从直径为 5 150 千米的土卫六泰坦到直径 150 千米的土卫十四卡利普索。

土卫六泰坦
主要由氮构成，是土星最大的卫星。

行星表面

土星表面被云覆盖,在行星自转的作用下这些云形成了带状结构。土星的云比木星的云更平静,但不如木星的云鲜艳。最高(白色)的云的温度可达到 −140 ℃,还有一层雾覆盖在它们上面。

雾

白色云

深层的橙色云

蓝色云

大气

主要由氢和氦组成。其余为硫(导致大气泛黄的颜色)、甲烷和其他气体。

1%硫和其他气体

97% 氢

2% 氦

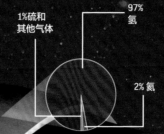

基本数据

到太阳的平均距离
14.27亿千米

公转周期(土星年)
29年154天

赤道直径
12.06万千米

公转速度
9.69千米/秒

质量(取地球质量为1)
95

重力(取地球表面重力为1)
0.914

密度
0.69克/厘米³

平均温度
−125 ℃

大气
非常浓密

卫星
62颗

轴倾角
26.7°

自转周期
10时39分

宇宙是如何运转的(3D版)

45

太阳系

风

赤道处的风速可达 360 千米/时。这颗行星会经历猛烈的风暴。

幔层

土星表面覆盖着一层液态氢和氦,它们一直延伸到土星的气态大气层中。

3万千米

1.4万千米

3.2万千米

氢层

环绕着外核的液态氢。

核心

包括岩石和金属元素,如硅酸盐和铁。它的内部与木星相似。

12 000 ℃
核心的温度。

外核

包围着高温岩石内核的水、甲烷和氨水。

天王星

乍一看，天王星似乎是人类肉眼所能观测到的最遥远的一颗恒星。它的大小几乎是地球的 4 倍，其独特之处在于它的旋转轴与公转平面的夹角接近 98°，这意味着指向太阳的总是它两极中的某一个。天王星的公转轨道直径很大，因此需要 84 年才能绕太阳运行一周。

磁场

天王星的磁场是地球磁场的 50 倍，并与它的旋转轴成 60°夹角。在天王星上，磁性由幔层而不是核心产生。

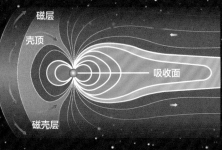

磁层
壳顶
磁壳层
吸收面

一些科学家提出，天王星的磁场之所以奇特，是因为其核心由于冷却而没有对流，或者是磁场倒转的原因。

传统行星符号
——天王星

基本数据

到太阳的平均距离
28.7亿千米

公转周期（天王星年）
84年36天

赤道直径
5.18万千米

公转速度
6.82千米/秒

质量（取地球质量为1）
14.5

重力（取地球表面重力为1）
0.89

密度
1.32克/厘米³

平均温度
−210 ℃

大气
不浓密

卫星
29颗

轴倾角
97.77°

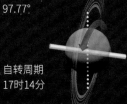

自转周期
17时14分

10 000 ℃
核心温度。

核心
包括硅质岩石和冰。

幔层1
包括水、甲烷气体、氨和离子。

幔层2
在幔层周围，可能会有另一层液态氢和液态氢，以及少量的甲烷。

大气
包含氢、甲烷、氨和少量的乙炔和其他碳氢化合物。

−210 ℃
平均温度。

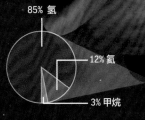

85% 氢
12% 氨
3% 甲烷

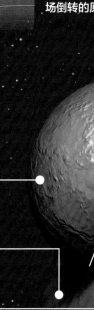

1万千米
1万千米
1万千米

ν 和 μ

天王星最外部的两个光环。它们的发现在 2005 年被公之于众。

ε

λ

δ

γ

η

β

α

4

5

6

1986U2R4

光环

就像所有太阳系的巨行星一样，天王星有一个类似于环绕土星的行星光环系统，但颜色要深得多。因此，要看到它们并不容易。1977 年，环绕天王星赤道的第 13 个光环被发现。1986 年，"旅行者" 2 号对它们进行了探索。

卫星

天王星共有 29 颗卫星。第一颗卫星于 1787 年被发现，之后 10 个于 1986 年由 "旅行者" 2 号太空探测器发现。它们是用威廉·莎士比亚和亚历山大·蒲柏作品中的人物来命名的，这样显得独一无二。它们中只有少数体积较大，大多数直径只有几千米。

卫星

除了比较大的卫星，天王星还有和石油一般黑的小行星：米兰达、阿里尔、乌布里埃尔、奥伯伦和泰坦尼亚。它们由 "旅行者" 2 号发现。奥伯伦和泰坦尼亚的直径超过了 1 500 千米。

泰坦尼亚
1 578 千米

乌布里埃尔
1 170 千米

阿里尔
1 158 千米

米兰达
472 千米

奥伯伦
1 522千米

行星表面

在很长一段时间里，人们认为天王星表面是光滑的。然而，哈勃太空望远镜显示，它是一颗充满活力的行星，有着太阳系中最明亮的云，以及一个暗淡的行星光环系统。这个光环就像一个不平衡的轮子一样上下颠簸。

光线折射

① 在天王星上，阳光反射在一层甲烷气体下面的云幕上。

② 当反射的光线穿过这一云幕层时，甲烷气体吸收了红光的光束，让蓝光通过，因此天王星呈现出蓝绿色调。

大气

阳光的照射

天王星

大气

阳光的照射

天王星

海王星

作为太阳系最外层的气体行星，它与太阳的距离是它与地球距离的 30 倍，球体表面看上去散发着荧荧的淡蓝色光。这种效应是由其大气最外层的甲烷造成的。它的卫星、光环和难以置信的云都引人注目，而它与天王星的相似之处也很明显。对科学家来说，海王星非常特别：它的存在是由数学计算预测出来的。

卫星

海王星有 13 颗天然卫星，最早从地球上用望远镜看到的是海卫一（Triton moon）和海卫二（Nereid moon）。其余的 11 颗卫星是由美国"旅行者"2 号宇宙飞船在太空中观测到的。它们所有的名字都与希腊神话中的海神相对应。

海卫一

它是海王星最大的卫星，直径为 2 706 千米。它绕海王星公转的方向与其他卫星的公转方向相反，而且表面布有黑色的凹槽。海卫一由间歇泉和火山喷发后沉淀的尘埃形成。

化学构成

海王星的光环是深色的，其成分仍然未知，应该还处于不稳定状态。自由环是海王星最外层的光环。

光环

从地球上看，它们看起来像圆弧。然而，我们现在知道它们是一圈尘埃，通过反射太阳光而发光。光环的名字源自研究海王星的第一批科学家。

加勒环

勒威耶环

拉塞尔环

阿拉戈环

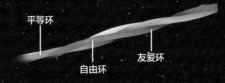

平等环

自由环

友爱环

亚当斯环

距离海王星的核心 6.3 万千米，包含 3 个相互交织的圆环，分别被命名为自由、友爱和平等。

−235 ℃

海卫一表面的温度。它是太阳系中最寒冷的天体之一。

行星表面

白色的甲烷云环绕着海王星。风从东向西刮过，与海王星的自转方向相反，速度可以达到2 000千米/时。

上升风

下降风

巨大的黑斑

它与木星上的大红斑相似，是一场规模和地球大小类似的巨大风暴，在海王星的表面很显眼。1989年首次被观察到，1994年消解。

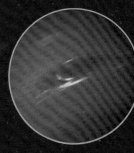

7 200千米

1.45万千米

6 000千米

核心

海王星的核心是一个典型的气体行星核心——一个将熔岩推向表面的岩石球体。

结构

它有一块硅酸盐岩石核心，核心层上覆盖着一层冻结的水、氨、氢和甲烷。这一部分被称为地幔。核心和幔层占据了海王星内部三分之二的位置。剩余的三分之一是稠密的大气层，由氢气、氨气、水和甲烷组成。

幔层2

含有的气体物质比固体物质更多。

幔层1

该层的组成物质由固体转变为气态。

大气

构成大气层的气体集中在与其他气态巨行星类似的地带。它的云系统与木星上的云系统一样，甚至更活跃。

85%氢

13%氦

2%甲烷

传统行星符号——海王星 ♆

基本数据

到太阳的平均距离
45亿千米

公转周期（海王星年）
164年264天

赤道直径
49 532千米

公转速度
5.48千米/秒

质量（取地球质量为1）
17.2

重力（取地球表面重力为1）
1.12

密度
1.64克/厘米³

平均温度
−200 ℃

大气
浓密

卫星
13颗

轴倾角
28.3°

自转周期
15时57分59秒

冥王星

直到 2006 年，冥王星一直被认为是太阳系第九大行星。然而，那一年，国际
天文学联合会（IAU）决定将其归类为矮行星。人们对太阳系中这个微小的天体知之甚少，
它的一些特征使它与众不同：独特的轨道、轴倾角以及作为柯伊伯带天体的身份。

卡戎

它是冥王星最大的卫星。令人难以置信的是，这个冥
王星最大卫星的直径几乎是冥王星的一半。它的表面
似乎覆盖着冰。这与冥王星不同，冥王星的表面覆盖
着冻结的氮、甲烷和二氧化碳。有一种理论认为，冥
王星与另一天体碰撞后撕扯出来的冰形成了卡戎。

同步轨道

人们通常认为冥王星和卫星卡戎形成了一个双行星系统。这两个天体
之间有着独特的绕转关系：它们总是在人们的视线上连成一线，似乎
被一根无形的绳子连在一起。它们的步调是如此同步，以至于卡戎只
能从冥王星的一侧看到，而在另一侧从来观测不到这颗卫星。

1 172 千米

卡戎的直径是冥王星直径的一半。

化学成分

根据计算，科学家推断冥王星的
75% 由岩石与冰混合而成，是柯
伊伯带的一部分，由其他行星留下
的物质组成。除了大块的冰冻氮，
它还有含氢和氧的简单分子，而氢
和氧是不可或缺的生命之源。

其他卫星

除 1978 年发现的卡戎，冥王星
还有 4 颗卫星：2005 年哈勃望
远镜发现的冥卫二和冥卫三，以
及两颗尚未命名的更遥远的卫星
（P4 和 P5），它们分别在 2011
年和 2012 年被发现。

密度

卡戎的密度是 1.7 克 /
厘米 ^{3}，人们推测卡戎
的主要成分并非岩石。

行星表面

人们对冥王星知之甚少。哈勃望远镜发现，冥王星的表面被冻结的氮和甲烷的混合物所覆盖。固态甲烷的存在表明地表温度低于 −203 ℃。不过这与这颗矮行星在轨道上的位置也有一定关系，因为它离太阳的距离在30 ～ 50 个天文单位之间。

基本数据

到太阳的平均距离
59亿千米

公转周期(冥王星年)
247.9年

赤道直径
2.247 千米

公转速度
4.75千米/秒

质量(取地球质量为1)
0.002

重力(取地球表面重力为1)
0.062

密度
2.05克/厘米³

平均温度
−230 ℃

大气
非常薄

卫星
5颗

轴倾角
122°

自转周期
153时

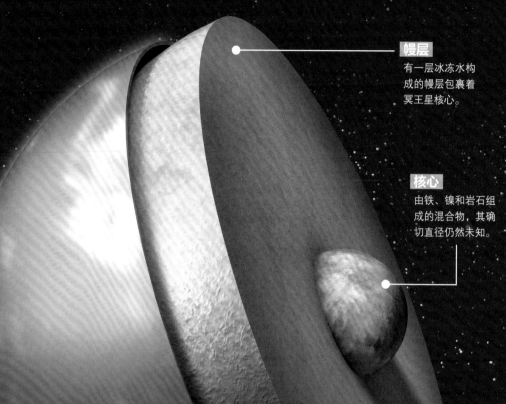

幔层

有一层冰冻水构成的幔层包裹着冥王星核心。

核心

由铁、镍和岩石组成的混合物，其确切直径仍然未知。

壳层

由冻结的甲烷和行星表面的水组成。据计算，它的厚度可能在100～200千米之间。

2% 甲烷以及少量一氧化碳

98% 氮

大气

冥王星的大气层非常稀薄，随着它的轨道离太阳越来越远，大气会被冻结在行星表面。

独特的轨道

冥王星的轨道又扁又斜（相对于其他行星而言，它的轨道倾角高达 17°）。它与太阳的距离在 4 亿千米到 70 亿千米之间。在它长达 248 年的公转周期中，有 20 年时间与太阳的距离比海王星更近。虽然冥王星的轨道与海王星的轨道相交，但两者不可能发生碰撞。

遥远的世界

在比海王星更遥远的地方，还有一群冰冻的天体，它们的大小比月球还小。超过 10 万个这样的天体共同形成了所谓的柯伊伯带，这是我们太阳系的冰冻边界。这条带状区域是那些出现频率较高的短周期彗星的主要存储库。其他的彗星则来自奥尔特云，它将整个太阳系包裹在其中。

海王星的轨道

土星的轨道

天王星的轨道

冥王星的轨道

柯伊伯带

靠近海王星的柯伊伯带中，有一个与太阳系八大行星类似的冰冻世界，但规模要小得多。这个带状区域由大约 10 万块冰和岩石（包括冥王星）组成，以环状的形式向外延伸。其中近 1 000 个天体已被记录编目。柯伊伯带的名字来自天文学家杰拉德·柯伊伯（Gerard Kuiper）。他在 1951 年预言了柯伊伯带的存在，比它的发现时间早了 40 年。

相对体积

2002 年夸奥尔的发现为科学家们研究太阳系和柯伊伯带的起源之间的关系提供了素材。夸奥尔的轨道几乎是圆形的，这证明柯伊伯带的天体围绕着太阳运行。自 2006 年以来，这些天体一直被国际天文学联合会认为与冥王星一样，同属于矮行星。

创神星

直径：
约为 1 300 千米

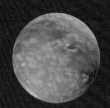

塞德娜

直径：
约为 1 000 千米

冥王星

直径：
约为 2 247 千米

阋神星（Eris）

直径：
约为 2 326 千米

3.5万

柯伊伯带中直径超过 100 千米的天体的估计数量。

阋神星

最外层的矮行星

阋神星是一颗距离太阳 97 个天文单位的矮行星，这个距离使它成为太阳系中目前所观测到的最遥远天体。这颗行星看起来是沿着一个偏心轨道（非常细长）运动，公转周期为 557 年。它有一颗卫星——阋卫一。

小行星和陨石

自从太阳系开始形成以来，不同物质的融合、碰撞和破裂在行星的形成过程中起着至关重要的作用。这些"小"岩石是这个过程的遗迹。作为此过程的目击者，它们能提供数据帮助人们理解 46 亿年前开始的那个特殊现象。在地球上，这些物体与后来那些可能影响进化过程的事件联系在了一起。

陨石的本质

研究陨石的主要目的之一是确定它们的组成成分。它们含有地外气体和固体。科学测试已经证实，在有些事件中，这类天体来自月球或火星。然而，大多数情况下，陨石与小行星有关。

陨石是如何撞击地球的？

穿过地球大气层时，它们并没有完全蒸发，在到达地球表面时，会留下被称为"陨坑"的印迹。此外，它们还为地球表面带来了外来岩石物质，如大量的铱。这是地球上很稀有的一种元素，但在陨石中却很常见。

陨石分类

石陨石

以其橄榄石和辉石的含量而著称。这一类别可细分为球粒陨石和非球粒陨石。

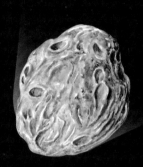

① 爆炸

与空气的摩擦使陨石温度上升，而后，它开始燃烧。

铁陨石

富含铁－镍化合物，在小行星解体过程中产生。

石铁陨石

含有等量的铁镍合金和其他硅酸盐的天体。

12 千米/秒

陨石撞击地球的速度。

② 分裂

这些裂片形成了一种视觉效果，在地球上被称作"流星"。

③ 撞击

撞击时，陨石被压缩并在地球表面凿出了一个洞，形成陨坑。

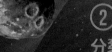

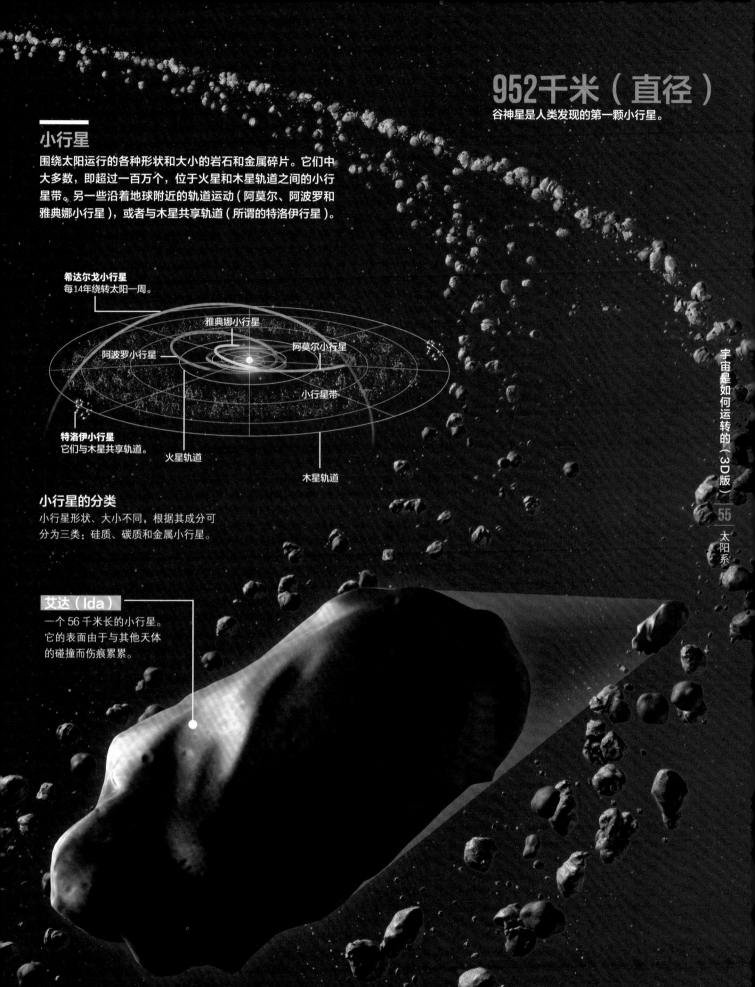

952千米（直径）
谷神星是人类发现的第一颗小行星。

小行星
围绕太阳运行的各种形状和大小的岩石和金属碎片。它们中大多数，即超过一百万个，位于火星和木星轨道之间的小行星带。另一些沿着地球附近的轨道运动（阿莫尔、阿波罗和雅典娜小行星），或者与木星共享轨道（所谓的特洛伊行星）。

希达尔戈小行星
每14年绕转太阳一周。

雅典娜小行星

阿波罗小行星

阿莫尔小行星

小行星带

特洛伊小行星
它们与木星共享轨道。

火星轨道

木星轨道

小行星的分类
小行星形状、大小不同，根据其成分可分为三类：硅质、碳质和金属小行星。

艾达（Ida）
一个 56 千米长的小行星。它的表面由于与其他天体的碰撞而伤痕累累。

彗星

彗星是很小的不规则天体，直径只有几千米；通常是深色的冰冻物体。它们由尘埃、岩石、气体和富含碳的有机分子组成。在柯伊伯带或奥尔特云中，可以找到运动着的彗星。然而，许多彗星向太阳系的内部偏离，呈现出新的运动轨迹。当它们温度升高时，它们的冰会升华，形成由气体和尘埃构成的彗头和长尾。

彗星分类

短周期彗星是绕太阳公转周期不到 200 年的彗星。长周期彗星的轨道周期超过 200 年，其轨道半径比冥王星的大几十倍，甚至数百倍。

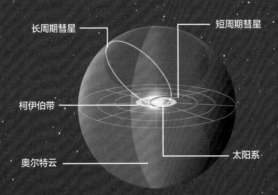

长周期彗星　　　　短周期彗星

柯伊伯带

奥尔特云　　　　太阳系

"深度撞击"号

2005 年 1 月 12 日，作为探索计划的一部分，美国国家航空航天局发射了"深度撞击"号宇宙飞船。这艘宇宙飞船计划发射物体撞击彗星 9P/ 坦普尔 1，以获得研究数据。

① **发射探测器**
"深度撞击"号发射出一个重 350 公斤（772 磅）的铜弹，目标是撞击彗星。

铜弹寻找撞击点。

太阳风

② **就位**
利用红外照相机和光谱仪，飞船跟踪彗星，分析彗核上的撞击点。

③ **撞击彗星**
2005 年 7 月 4 日，铜弹造成了一个足球场大小的撞击坑，并凿出一个有 7 层楼高度这么深的洞。

彗发
它由彗核释放的气体和尘埃组成，包裹着彗核。

彗核
冷冻水、甲烷、二氧化碳和氨。

彗心
最里面的部分是粉末状硅酸盐。

彗头
包括彗核和彗发，前面部分被称为撞击点。

36 000
千米/时
彗星的撞击速度。

76年

哈雷彗星的轨道周期。

彗发

彗头

尘埃彗尾

悬浮的尘埃颗粒形成了一个反射阳光的尾迹，使彗星的发光尾巴可见。

包层

可以形成第三个彗尾的氢层。

离子彗尾

悬浮气体的尾部产生一个低强度、发光的蓝色区域。气体分子失去一个电子并获得电荷。

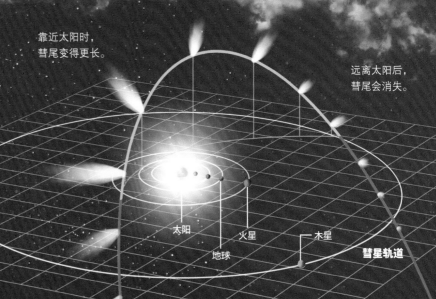

靠近太阳时，
彗尾变得更长。

远离太阳后，
彗尾会消失。

彗发和彗头的形成

由于太阳风的影响，当彗星接近太阳时，它释放出来的气体会飞得更远。与此同时，尘埃颗粒倾向于形成一个弯曲的尾迹，因为它对太阳风的压力不那么敏感。当彗星远离太阳系的边界时，两条尾巴会合并在一起；当彗核冷却下来并停止释放气体时，彗尾就会消失。

太阳

地球

火星

木星

彗星轨道

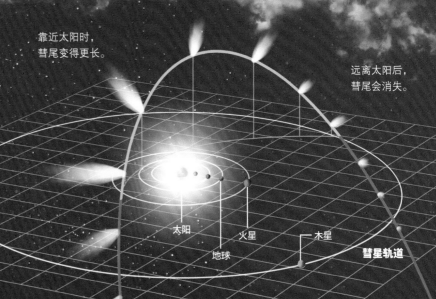

系外行星

若干世纪以来，人们始终在怀疑是否存在着除太阳之外的其他恒星的系外行星。直到 20 世纪 90 年代，这一疑问得到了证实。建造强大的地面和太空望远镜，比如著名的"行星猎手"——开普勒太空望远镜，加速了系外行星的发现。

气体或冰巨行星

自 1995 年瑞士天文学家米歇尔·麦耶（Michel Mayor）和戴狄尔·魁若兹（Didier Queloz）首次发现系外行星以来，目前已经发现了近 3 500 颗系外行星。它们大部分的存在形式是相似的：一个轨道接近其主恒星的巨大气体或冰巨行星，轨道周期较短。这就是为什么它们容易被探测到。近年来科技的进步使得更多类地行星能被发现。

3 458颗
已确认的系外行星。

2 581个
已发现的恒星系统。

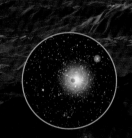

极微小天龙星座b
在巨星周围第一次发现一颗系外行星。
（比太阳大 13 倍）

系外行星发现史

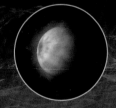

仙女座γ
在恒星周围发现的一个双行星系统，由三个木星大小的行星构成。

大气
在哈勃空间望远镜的帮助下，成功分析了系外行星 HD 209458 b 的大气情况。

最早发现的系外行星系统
在脉冲星 PSR B1257+12 周围发现了一个绕转它的行星系统。

飞马座51
第一颗被发现的系外行星，其大小只有木星一半，围绕着一颗和太阳类似的恒星运行。

HD 209458 b
在恒星宜居带发现的第一颗系外行星。

HD 20185 b
通过掩星法发现的第一颗系外行星。

| 1990 | 1991 | 1992 | 1993 | 1994 | 1995 | 1996 | 1997 | 1998 | 1999 | 2000 | 2001 | 2002 |

探测方式

系系外行星发出的光非常微弱，被其母恒星强烈的光芒所淹没，直接观察它们是非常困难和复杂的。所以天文学家利用间接检测法，根据恒星的运动变化或亮度来计算某些行星的存在并判断其类型。当绕转恒星的行星在恒星与地球之间穿过时，掩星法可以通过恒星微小的亮度变化找到行星。在已发现的遥远的行星中，79.5%是通过这种方法找到的。多普勒分光时差法（径向速度法，或者口语化地称作轨道摆动法）发现了17.9%的系外行星。寻找系外行星，这两种方法最为有效。

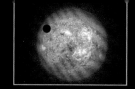

掩星法
行星在其母恒星与地球之间穿过时，可探测到恒星的亮度发生变化。

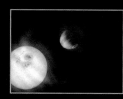

径向速度法
行星运动对其母恒星产生了微小的引力作用，使它的运动及已知谱线的波长发生变化。

比邻星B
艺术家描绘的比邻星的假想图。它是距离太阳最近的红矮星。

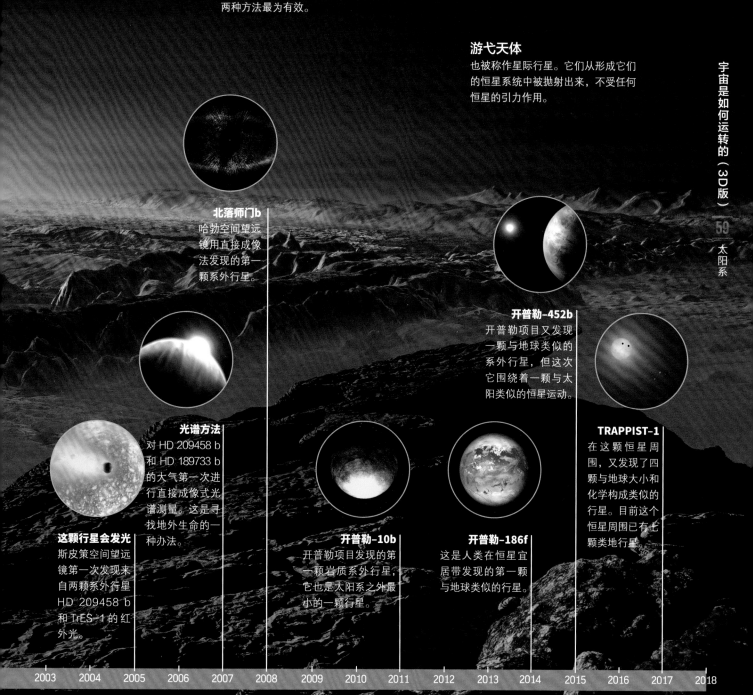

游弋天体
也被称作星际行星。它们从形成它们的恒星系统中被抛射出来，不受任何恒星的引力作用。

北落师门b
哈勃空间望远镜用直接成像法发现的第一颗系外行星。

开普勒-452b
开普勒项目又发现一颗与地球类似的系外行星，但这次它围绕着一颗与太阳类似的恒星运动。

光谱方法
对 HD 209458 b 和 HD 189733 b 的大气第一次进行直接成像式光谱测量。这是寻找地外生命的一种办法。

TRAPPIST-1
在这颗恒星周围，又发现了四颗与地球大小和化学构成类似的行星。目前这个恒星周围已有七颗类地行星。

这颗行星会发光
斯皮策空间望远镜第一次发现来自两颗系外行星 HD 209458 b 和 TrES-1 的红外光。

开普勒-10b
开普勒项目发现的第一颗岩质系外行星，它也是太阳系之外最小的一颗行星。

开普勒-186f
这是人类在恒星宜居带发现的第一颗与地球类似的行星。

2003 2004 2005 2006 2007 2008 2009 2010 2011 2012 2013 2014 2015 2016 2017 2018

与地球类似的天体

从发现存在太阳系外行星时起，空间机构就开始搜寻地球的"孪生兄弟"。近年来，这方面的工作已经取得了非常大的进展，发现了更多可能满足存在水及生命最低条件的行星。

地球相似指数（ESI）

将系外行星宜居性与地球相比得到的一个指数。ESI 指数的数值从 0 到 1，1 表示行星与地球的宜居性完全一致。通过系外行星的半径、密度、表面温度以及逃逸速度可计算得到这个指数。ESI 指数大于等于 0.8 的系外行星很可能具有与地球温度类似的岩石结构。开普勒-438b 的 ESI 指数为 0.88，在所有已发现的系外行星中是最大的。

352

颗已发现的系外行星被认为是类地行星，具有与地球类似的特征。

开普勒-442B

另一颗 ESI 指数高达 0.84 的系外行星，它距离地球 1 105.5 光年。

宜居带

这里的行星有较高的地球相似指数 ESI，但这并不确保它们有适宜生命的宜居条件，另一个必要条件是行星必须位于其母恒星的宜居带内。在这个区域内，行星表面在足够的大气压下可存在液态水。其他影响行星宜居性的潜在因素是其偏心率，包括它的轨道特征和大气环境。下图对太阳系的宜居带与开普勒-186 和开普勒-452 的宜居带进行了对比。

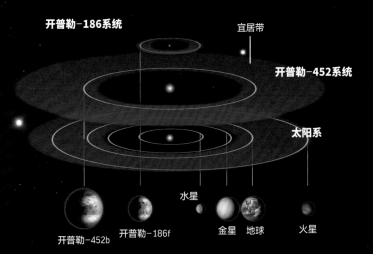

开普勒-186系统

宜居带

开普勒-452系统

太阳系

开普勒-452b　开普勒-186f　水星　金星　地球　火星

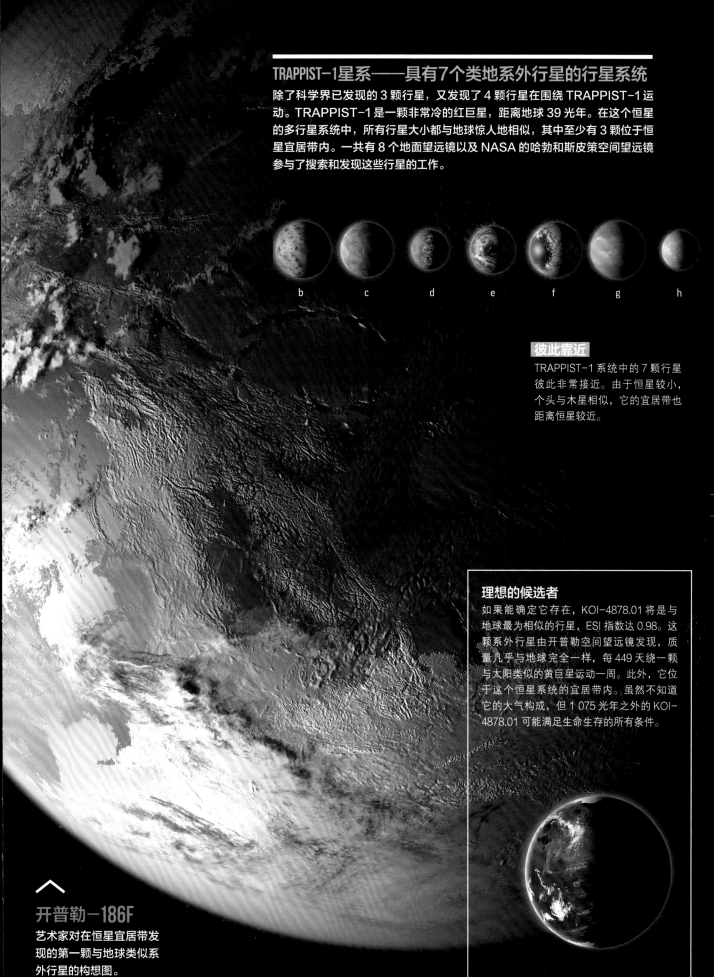

TRAPPIST-1星系——具有7个类地系外行星的行星系统

除了科学界已发现的 3 颗行星，又发现了 4 颗行星在围绕 TRAPPIST-1 运动。TRAPPIST-1 是一颗非常冷的红巨星，距离地球 39 光年。在这个恒星的多行星系统中，所有行星大小都与地球惊人地相似，其中至少有 3 颗位于恒星宜居带内。一共有 8 个地面望远镜以及 NASA 的哈勃和斯皮策空间望远镜参与了搜索和发现这些行星的工作。

b　　c　　d　　e　　f　　g　　h

彼此靠近

TRAPPIST-1 系统中的 7 颗行星彼此非常接近。由于恒星较小，个头与木星相似，它的宜居带也距离恒星较近。

理想的候选者

如果能确定它存在，KOI-4878.01 将是与地球最为相似的行星，ESI 指数达 0.98。这颗系外行星由开普勒空间望远镜发现，质量几乎与地球完全一样，每 449 天绕一颗与太阳类似的黄巨星运动一周。此外，它位于这个恒星系统的宜居带内。虽然不知道它的大气构成，但 1 075 光年之外的 KOI-4878.01 可能满足生命生存的所有条件。

开普勒-186F

艺术家对在恒星宜居带发现的第一颗与地球类似系外行星的构想图。

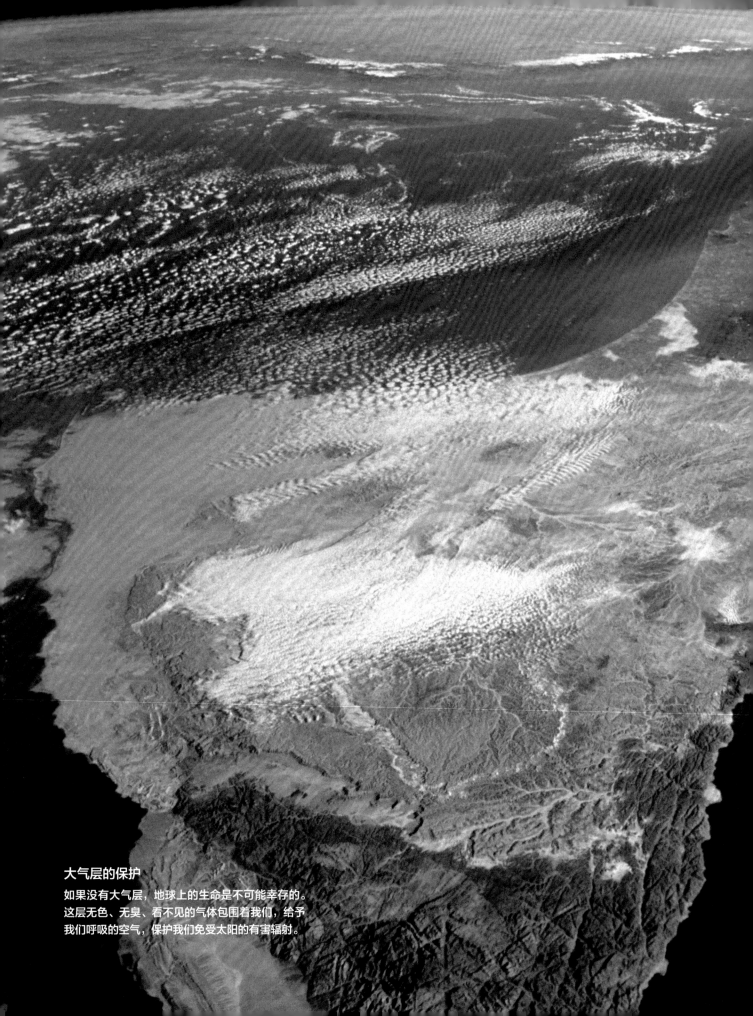

大气层的保护

如果没有大气层，地球上的生命是不可能幸存的。
这层无色、无臭、看不见的气体包围着我们，给予
我们呼吸的空气，保护我们免受太阳的有害辐射。

CHAPTER 3

地球和月亮

起初，地球是一团炽热的物质。后来，它慢慢冷却，出现了大陆，并逐渐变成现在的形态。地球在早期发生了许多剧烈的变化，且直到现在，我们的蓝色星球仍然没有停止改变。

蓝色行星

从太空俯瞰地球，它三分之二的表面被海洋所覆盖，因此地球也被称作蓝色行星。它是太阳系中距离太阳第三远的行星，也是适合生命生存的唯一行星，这使它显得很特别。地球还有丰富的液态水、温和的气温以及保护它免受外太空物体撞击的大气层。大气层中的臭氧层也帮助地球过滤掉了一部分太阳辐射。地球每 24 小时自转一周，它的两极稍显扁平，赤道则略宽。

生物圈

生命只生存在了地球的一部分区域：地球表面、海洋中、地表向上 8 千米的大气中，以及植物根部可以抵达的地下部分。生物圈只占地球很小的一部分。对它的研究能揭开不同类型生命形成模式的奥秘，并了解影响物种和生态系统分布的参数。

70%
的地球表面是水，从太空中看起来它是蓝色的。

23.5°
这是地球自转轴偏转垂直方向的倾角。由于地球围绕太阳公转，不同区域接收到的太阳光会发生缓慢的变化，因此产生了四季。

地球的运动

地球绕日过程中的各种运动，引发了日夜、四季、新年等现象。其中最重要的运动是地球每天自西向东的自转以及它围绕太阳的公转（地球沿着一条椭圆轨道绕太阳运动，太阳位于这个椭圆的一个焦点上，因此一年之中地球与太阳的距离会发生一些变化）。

太阳

149 503 000千米

自转：地球每23小时56分钟绕其自转轴旋转一周。

公转：地球每365天5小时57分钟围绕太阳运动一周。

月亮是地球唯一的卫星，它大小为地球的四分之一，每27.32天绕地球运动一周。

南极

自转轴倾角

自转轴

北极

水的状态

① 蒸发
太阳能使地球上的水蒸发，从海洋以及更小范围的湖泊、河流和其他源头进入大气。

② 凝结
地球上的风会把水分输送到空气中，直到天气条件合适，使水汽凝结成云，最终以雨或者其他形式落到大地上。

③ 沉降
通过凝结，大气失去水分。引力导致雨、雪、冰雹等现象出现。霜和雾覆盖在地表，直接改变了地表的状态。

传统行星符号
—— 地球

基本数据
到太阳的平均距离	1.5亿千米
公转周期（太阳年）	365.25天
赤道直径	12 756千米
公转速度	29.783千米/秒
质量	1
引力	1
密度	5.518克/厘米³
平均温度	15 ℃

均取地球相关数值作为标准。

卫星	1
轴倾角	23.5°
自转周期	23时56分

地理坐标
利用经度线和纬度线形成的网格，可以很容易地以地球赤道和格林尼治子午线（经度为0°）的交点为参考点，表示出地球上任意一点的位置。这个交点标志着地球两极之间的中间点。

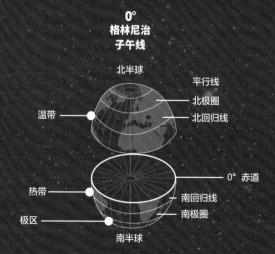

0°
格林尼治
子午线

北半球

平行线
北极圈
北回归线

温带

热带

0° 赤道
南回归线
南极圈

极区

南半球

地心之旅

除淡水、盐水和大气，地球由不同的层构成，它们又由不同的元素构成，如铁、镍以及固态和液态的岩石。一块气体云——大气层包裹着地球。其中的氧气使我们的星球能支持大部分生命生存。

内层

我们生活在大部分由氧和硅组成的岩石表面。岩石表面之下是地幔，这里的岩石更加沉重。地幔之下则是内地壳和外地壳，前者由一直沸腾的液态金属构成，后者由于压力的原因是固态，是这颗行星中最致密的部分。

人类已经触碰的极限

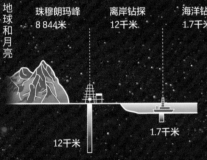

珠穆朗玛峰
8 844米

离岸钻探
12千米

海洋钻探
1.7千米

1.7千米

12千米

内地核

它与外地核的构成相同。不同的是，虽然温度极高，但由于内地核的极大压力，它被压缩为固态。

700千米

2 900千米

2 270千米

1 216千米

6 380 千米

从地表到地心的距离。

1 000千米

6 380千米

外地核

它是液态，由熔化的铁和镍组成。其温度比内地核低，压力更小。这里沸腾的液体产生了磁场。

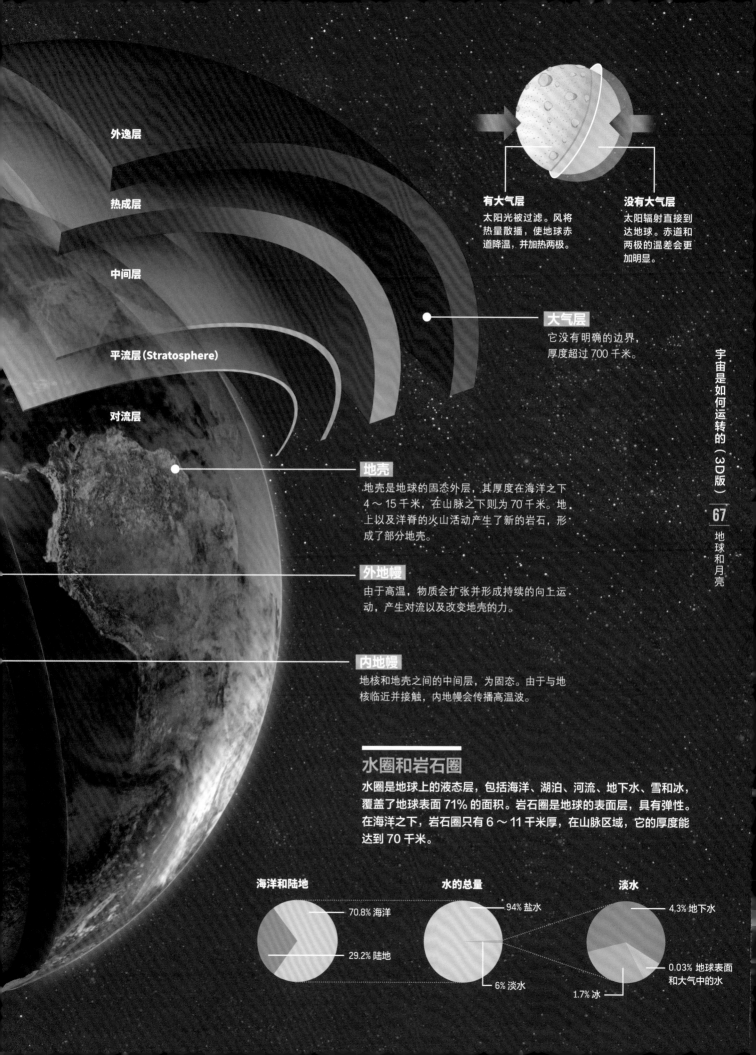

外逸层

热成层

中间层

平流层 (Stratosphere)

对流层

有大气层
太阳光被过滤。风将热量散播，使地球赤道降温，并加热两极。

没有大气层
太阳辐射直接到达地球。赤道和两极的温差会更加明显。

大气层
它没有明确的边界，厚度超过 700 千米。

地壳
地壳是地球的固态外层，其厚度在海洋之下 4～15 千米，在山脉之下则为 70 千米。地上以及洋脊的火山活动产生了新的岩石，形成了部分地壳。

外地幔
由于高温，物质会扩张并形成持续的向上运动，产生对流以及改变地壳的力。

内地幔
地核和地壳之间的中间层，为固态。由于与地核临近并接触，内地幔会传播高温波。

水圈和岩石圈

水圈是地球上的液态层，包括海洋、湖泊、河流、地下水、雪和冰，覆盖了地球表面 71% 的面积。岩石圈是地球的表面层，具有弹性。在海洋之下，岩石圈只有 6～11 千米厚，在山脉区域，它的厚度能达到 70 千米。

海洋和陆地
70.8% 海洋
29.2% 陆地

水的总量
94% 盐水
6% 淡水

淡水
4.3% 地下水
0.03% 地球表面和大气中的水
1.7% 冰

地球，
一块巨大的磁铁

地球就像一块巨大的磁铁，有磁场、两个磁极。地球的磁性可能由它导电的地核中铁和镍的运动形成。地球磁性的另一种来源可能是地核加热形成的对流。随着时间的推移，地球的磁场发生过变化。在过去 500 万年里，它的两极发生了超过 20 次对调。最近的一次发生在 70 万年前。

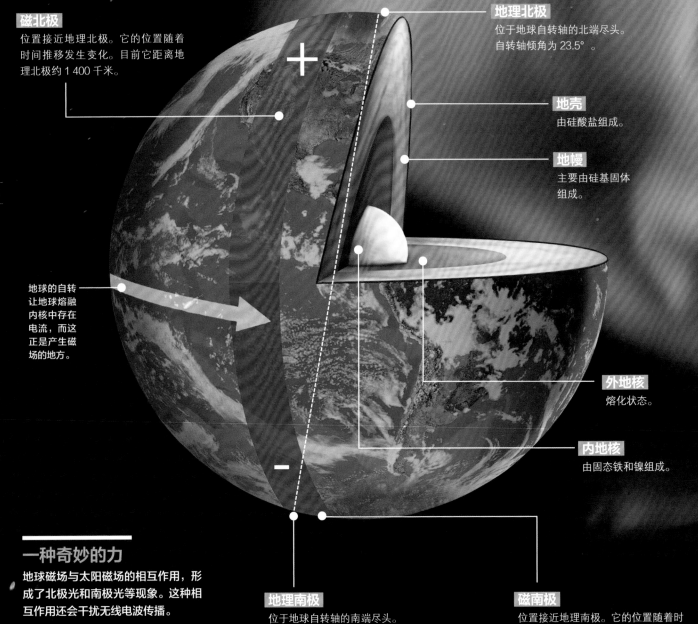

磁北极
位置接近地理北极。它的位置随着时间推移发生变化。目前它距离地理北极约 1 400 千米。

地理北极
位于地球自转轴的北端尽头。自转轴倾角为 23.5°。

地壳
由硅酸盐组成。

地幔
主要由硅基固体组成。

地球的自转让地球熔融内核中存在电流，而这正是产生磁场的地方。

外地核
熔化状态。

内地核
由固态铁和镍组成。

一种奇妙的力

地球磁场与太阳磁场的相互作用，形成了北极光和南极光等现象。这种相互作用还会干扰无线电波传播。

地理南极
位于地球自转轴的南端尽头。

磁南极
位置接近地理南极。它的位置随着时

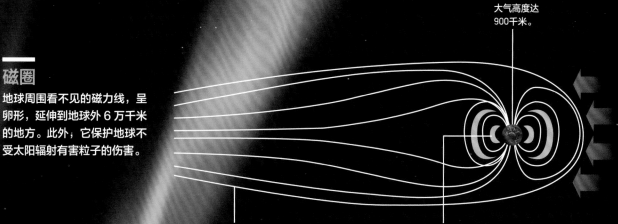

磁圈

地球周围看不见的磁力线，呈卵形，延伸到地球外 6 万千米的地方。此外；它保护地球不受太阳辐射有害粒子的伤害。

大气高度达 900 千米。

太阳风携带着带电原子粒子。

来自太阳的带电粒子的作用引起了磁层的变形。

范·艾伦（Van Allen Belts）带是离子态原子粒子形成的区域。

行星和太阳磁场

太阳系行星有着特征不同的各种磁场。四个大行星拥有比地球更强的磁场。

海王星　天王星　土星　木星　火星　地球　金星　水星　太阳

人们认为它的磁场在过去更强。

太阳系中唯一没有磁场的行星。

从太阳日冕流出的气体在它周围产生了磁场。

极光

太阳磁场和地球磁场的相互作用以及抵达地球的带电太阳粒子，在靠近两极区域产生了美丽的北极光和南极光。

① 太阳磁场将粒子向太空驱逐：太阳风。

② 太阳风被地球磁场扭曲。

③ 一些粒子（质子和中子）受地球磁场引导飞向两极。

④ 粒子与大气中的氧原子和氮原子碰撞，原子被激发到激发态。其结果是原子以光的形式释放能量。

太阳风

磁场

①　②　③　④

月球的表面和运动

人们认为，月球诞生于一个火星大小的天体撞击正处于形成过程中的地球。撞击中抛射出的物质散布在地球周围。随着时间的推移，它们聚集在一起形成了月球。月球是我们地球唯一的天然卫星，它的引力会影响地球潮汐。根据位置的不同，它对地球上水体的引力会发生大小变化。

月球运动

对于每一个陆地轨道，"月球"绕着它自己的轴自转。结果，同样的一面总是面对着地球。

农历月
需要 29.53 天完成一个周期。

恒星月
绕地球一周需要 27.32 天。

阿利斯塔克（Aristarchus）环形山
月球上最亮的点。

不可见月面
直到 1953 年 "月球" 3 号探测器对它进行拍摄时，人们才第一次看到月球隐藏的一面。

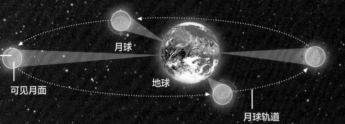

月球

地球

可见月面

月球轨道

传统行星符号 —— 月球

基本数据

到地球的距离
38.44万千米

绕地球公转周期
27.32天

赤道直径
3 476千米

公转速度
1.023 千米/秒

质量（取地球质量为1）
0.01

引力（取地球表面引力为1）
0.17

密度
3.35克/厘米³

平均温度
150 ℃ 白天
−100 ℃ 夜晚

绕太阳公转周期（地球年）
365.25天

轴倾角
5.14°

自转周期
27.32天

哥白尼
陨坑直径为 93 千米。

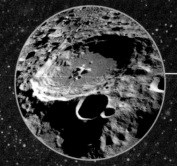

风暴洋
月球最大的月海。

亚平宁山脉
月球上最为重要的山脉之一。

席卡尔德

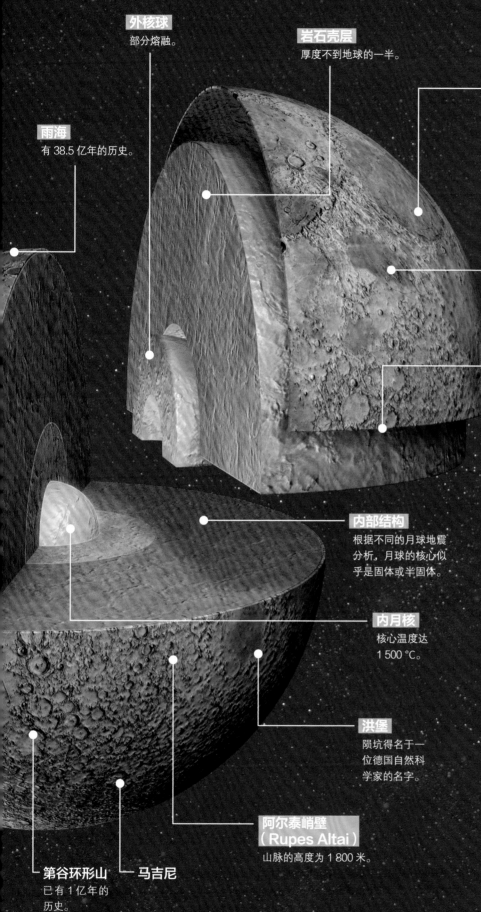

外核球
部分熔融。

岩石壳层
厚度不到地球的一半。

危海
长 450 千米，宽 563 千米，它的内部有着巨大的陨石坑。

雨海
有 38.5 亿年的历史。

静海

壳层
像花岗岩一样的岩石表面，其中有 20 米的月球尘埃被称为风化层。

内部结构
根据不同的月球地震分析，月球的核心似乎是固体或半固体。

内月核
核心温度达 1 500 ℃。

洪堡
陨坑得名于一位德国自然科学家的名字。

阿尔泰峭壁（Rupes Altai）
山脉的高度为 1 800 米。

第谷环形山
已有 1 亿年的历史。

马吉尼

月球表面

古代天文学家推断出，在月球上可以用肉眼看到的黑色斑块是海洋。这些黑暗的区域与光区形成了鲜明的对比（高地的陨石坑数量较多）。

山脉

陨石撞击月球表面后，从陨坑喷出的物质形成了它们。

陨坑

不同陨坑的直径大小在 1 米至 1 000 千米之间。它们是陨石撞击的产物。

月海

它们覆盖了月球表面 16% 的面积，由熔岩流形成。今天，月球上没有火山活动，但情况并非总是如此。

月亮和潮汐

地球上的水既受地球引力的作用，同时也被月球和太阳的引力所吸引。这种效应与地球 24 小时的自转周期相结合导致了潮汐的涨落。也就是说，海洋从地球的一端向另一端移动，就好像它是一个我们晃动着的巨大的碗。潮水达到最高时称为高潮，最低时则称为低潮。

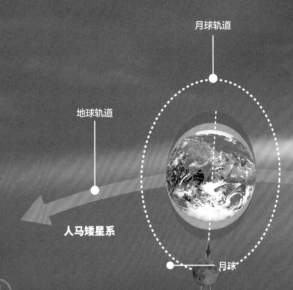

月球轨道

地球轨道

人马矮星系

月球

① 新月

大潮
当太阳和月亮、地球连成一线时，它们会形成最高的高潮和最低的低潮。

月相

随着月相的变化，潮水在高潮和低潮之间变化。距离月球更近的水比地球另一侧的水所受到的引力要更大，因此潮水随着月亮围绕地球的公转发生变化。

图示

月球的引力 ●	太阳引力对潮汐的影响。 ●
太阳的引力 →	月球引力对潮汐的影响。 ●

周期性

在大部分海岸，人们一天之内可以观察到两次高潮和两次低潮。两次高潮和两次低潮之间的时间间隔为 12 小时 25 分钟。以地月连线为参照，这大约相当于地球自转周期的一半时间。

12小时25分钟

高潮

落潮　涨潮　滞潮　落潮　涨潮

平均水平　　　潮幅

低潮

时间 / 小时　22　00　02　04　06　08　10　12　14　16　18　20

世界各地

日潮　混合　半日潮

② 上弦月

小潮
在太阳和月亮相对成直角时，月亮和太阳形成了最低的高潮和最高的低潮。

大潮
太阳和月亮再次排成一排，太阳引力抵消了月亮的引力，形成第二次大潮。

潮水的幅度

潮水间的高度差通常为 80 厘米，但不同地区的差异很大。在英吉利海峡的某些地方，它超过了 10 米；而在波罗的海，潮水间的差异难以察觉。

④ 下弦月

小潮
太阳和月亮又形成了一个直角，造成了第二个小潮。

太阳

太阳的引力也会影响潮汐运动，尽管它的影响只为月亮影响的 46.6%。

2 天

由于水的摩擦和惯性，大潮和小潮发生在月相变化后的几天。

潮汐能

潮汐产生的力被用来发电。世界上最大的潮汐发电站包括朗斯（法国）电站、西瓦湖（韩国）电站、潮汐潟湖（英国）电站和安纳波利斯·罗亚尔（加拿大）电站。

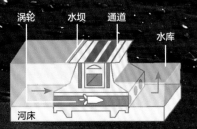

高潮
水以 1.8 万米³/秒的速度进入水库，并驱动涡轮发电。

涡轮　水坝　通道　水库
河床

远海　水库

低潮
低潮时，水流到河口，再一次驱动涡轮发电。

日食和月食

月球、太阳和地球的中心每年至少 4 次会连成一线，形成对普通观察者颇具吸引力的天文事件：日食和月食。这也为天文学家提供了科学研究的绝佳机会。

地球上看到的月全食

月球呈橙红色，这是因为太阳光被地球大气折射。

日食

日食发生时，月亮从太阳和地球之间穿过，在地球表面沿着某条路径投射出阴影。阴影的中心锥被称为"本影"，它周围的部分阴影区域被称为"半影"。在本影区域的观众看到月球的圆盘完全遮住了太阳，形成一次日全食。那些在周围半影区的人会看到月球的圆盘只覆盖了部分太阳，形成一次日偏食。

地球上看到的日环食

太阳与地球的距离是**地球与月亮距离的** **400**倍

连线示意图

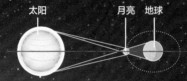

太阳　　　月亮　地球

日食期间，太阳被遮挡，让天文学家能用仪器研究太阳大气。

食的类型

日全食

月亮处于太阳和地球之间，位于阴影区域内。

日环食

月亮半径比太阳半径小，有部分太阳还能被看到。

月偏食

月亮只是部分处于阴影区内。

太阳的**视大小比月亮大** **400**倍

太阳光

月食

当地球在月球和太阳之间经过时，产生的现象是月食。它可能是月全食、月偏食或半影月食。处于月全食中完全被遮挡的月亮会呈现出一种特有的红色，这是因为光线经过了地球大气层的折射。当月球的一部分处在阴影区域内，而其余部分在半影区内时，会产生月偏食。

连成一线

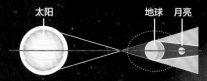

太阳　　　　　　　　　地球　月亮

在交食期间，月亮并不完全是黑的而是赭色。

食的类型

月全食
月球完全处于阴影区内。

日偏食
月亮没有完全遮掩住太阳，使太阳看起来像个小月牙。

半影月食
月亮处于半影区内。

满月
全食

阴影区

月球
轨道

宇宙是如何运转的（3D版）

75

地球和月亮

偏食

阴影

半影区

半影食

新月
全食

半影区

半影区

地球

地球轨道

日食和月食循环

交食现象每 223 个朔望月，或每 18 年零 11 天，就会重复上演一次。这个周期被称为沙罗周期。

一年中的日月食 / 次

2　**7**　**4**
最少　最多　平均

一个沙罗周期中的日月食 / 次

41　**29**　**70**
日食　月食　总共

在地球进行观测

需要使用一种光学密度为 5.0 的黑色聚合物过滤片，使太阳形成一个清晰的橙色像，以避免灼伤视网膜。

日食

最长持续时间每次都不同。

最长持续时间

7.5 分钟

月食

所有观测者看到的月食都是一样的。

最长持续时间

107 分钟

上次交食现象

日食	3/29 全食	9/22 全食	3/19 偏食	9/11 偏食	2/07 全食		1/26 全食	7/22 全食	1/15 全食	7/11 全食	1/4 偏食	11/25 偏食	5/20 环食	11/13 全食	5/10 环食	11/3 混合	4/29 环食	10/23 偏食	3/20 全食	9/13 偏食
	2006		2007		2008		2009		2010		2011		2012		2013		2014		2015	2016
月食	3/14 偏食	9/07 偏食	3/03 全食	8/28 全食	2/21 全食	8/16 偏食	2/9 半影	7/7 半影	6/26 偏食	12/21 全食	6/15 全食	12/10 全食	6/4 偏食	12/28 全食	4/25 偏食	10/18 半影	4/15 全食	10/08 全食	4/4 全食	9/28 全食

穿越时空

地质学家和古生物学家利用许多信息来重建地球的历史。对地球表面的岩石、矿物和化石进行分析，提供了有关地球壳层最深层的数据，揭示了气候和大气变化，这些变化往往与灾难有关。由陨石和其他物体在地球表面撞击形成的陨石坑也提供了有关地球历史的有价值的信息。

复杂的结构

在宇宙内部物质开始积累，形成了一个不断增长的天体。这就是地球的前身。由于高温和重力的双重作用，最重的元素迁移到地球的中心，较轻的元素则向地表移动。在流星的不断作用下，外部层开始固化并形成地壳。在中间，铁等金属聚集在炽热的地核中。

① 小的物体和尘埃聚集形成小行星大小的天体。

最古老的矿物，如锆石形成。

最古老的岩石变形，形成了片麻岩。

11亿年前
罗迪尼亚超大陆，一个早期的超大陆形式。

一块陨石坠落在加拿大安大略省萨德伯里。

46亿年前

25亿年前

代	▶ 太古代	▶ 元古代
纪	地质史前纪	成铁纪
世		

气候

在流星雨的作用下，地球固化开始了。

地球温度降低，并形成了第一个海洋。

25亿年前
地球经历了第一次大规模的全球冷却事件(冰川)。

8亿年前 第二次冰川作用

6亿年前
最后一次大规模冰川作用

元素周期表中的元素

虽然以不同的组合方式存在，今天的地壳包含的元素与地球形成时的元素一样。地壳中最丰富的元素是氧，它与金属和非金属结合形成不同的化合物。

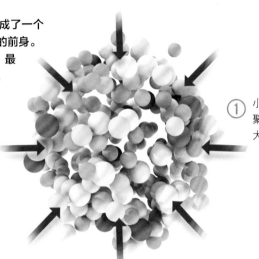

氧
46.6%

硅
27.7%

铝
8.1%

铁
5.0%

钙
3.6%

钠
2.8%

镁
2.1%

钾
2.6%

- 金属
- 过渡金属
- 非金属
- 稀有气体
- 镧系元素
- 锕系元素

生命

第一批动物

在前寒武纪最神秘的化石中，有埃迪卡拉动物的遗骸，这是地球上已知最早的动物。它们生活在海底，其中许多是圆形的，让人联想到水母；而另一些则是扁平的，呈薄片状。

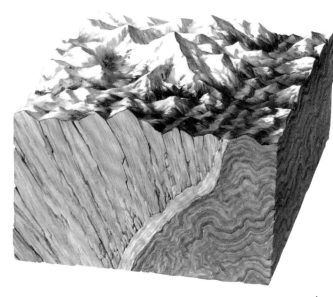

③ **金属核心**

轻元素形成地幔。

核心

地球的核心极热，主要由铁和镍组成。

山脉

是地壳的外部褶皱，是由地球内部的强大力量产生的。

5.42亿年前

超级大陆潘诺西亚大陆形成，它包含了一部分的当今大陆。北美从潘诺西亚分离而来。

造山运动

地质历史认识到存在被称作"造山"的强烈运动，它们持续了几百万年时间。每一个造山运动都有特有的物质和位置特征。

将成为北美的区域向赤道移动，从而开始了最重要的石炭系形成。

大陆的碎片结合在一起，形成了盘古大陆。

阿巴拉契亚山脉形成。通过沉积形成的板岩活动达到了顶峰。

波罗地大陆和西伯利亚大陆撞击在一起，形成乌拉尔山脉。

西伯利亚发生了玄武岩喷发。

第一个主要的造山运动（喀里多尼亚褶皱）开始了。冈瓦那向南极移动。

劳伦西亚大陆和波罗地大陆撞击在一起，形成了喀里多尼亚山脉。片麻岩在苏格兰的海岸上形成。

| 5.42亿年前 | 4.883亿年前 | 4.437亿年前 | 4.16亿年前 | 3.592亿年前 | 2.99亿年前 |

| 古生代 | 原始生命时代 | | | | |
| 寒武纪 | 奥陶纪 | 志留纪 | 泥盆纪 | 石炭纪 | 二叠纪 |

温度下降。大气中二氧化碳的含量是今天的16倍。

人们认为，在奥陶纪中，地球大气中的二氧化碳比现在少得多。温度在一个范围内波动，波动范围类似于我们今天所经历的温度变化。

到这一时期，有颌骨的脊椎动物，如盾皮鱼、骨鱼和棘鱼都已经出现了。

温度通常比如今高，氧气的浓度达到了最大值。

炎热潮湿的气候会在沼泽地里形成繁茂的森林。

在以前森林的所在地，形成了我们今天所观察到的最大碳沉积。

三叶虫

具有矿化外骨骼的海洋节肢动物。

寒武大爆发

这一时期的化石证明了海洋动物的多样性，以及不同类型骨骼结构的出现，比如海绵动物和三叶虫的骨骼结构。

志留纪

最早的一种脊椎动物鱼，它是一种没有下颌的壳鱼。

这一时期的岩石含有大量的鱼类化石。

坚实的地面上长满了巨大的蕨类植物。

两栖动物的多样化和爬行动物起源于一个两栖动物群，它们进化成了第一批脊椎动物。有翅膀的昆虫出现了，比如蜻蜓。

棕榈树和针叶树取代了石炭纪时期的植被。

大灭绝

在二叠纪末期，估计有95%的海洋生物和超过三分之二的陆地生物在已知的最大规模灭绝中死亡。

外部作用

据称，大约 6 500 万年前，一颗巨大的流星坠落在尤卡坦半岛（墨西哥）的希克苏鲁伯。撞击造成的爆炸产生了一团混合着石灰岩的火山灰。当碎片掉落到地球上时，一些专家认为它造成了一场巨大的全球火灾。

由撞击产生的碎片扩张产生了高温，平流层中扩散的灰烬带来了温室效应。两者共同作用引发了一系列的气候变化。人们相信，这一过程导致了恐龙的灭绝。

100 千米

流星撞击尤卡坦半岛形成的陨坑的直径。现在它被埋在将近 3.2 千米深的石灰岩中。

冈瓦那大陆重新出现。

非洲与南美洲分离，南大西洋也出现了。

山脉的形成

6 000万年前
美国落基山脉中部形成

000万年前
阿尔卑斯山脉形成

000万年前
喜马拉雅山脉形成

2.51亿年前　　1.996亿年前　　1.455亿年前　　**6 550万年前**

▶ **中生代** 爬行动物时代			▶ **新生代** 哺乳动物时代	
▶ **三叠纪**	▶ **侏罗纪**	▶ **白垩纪**	▶ **古近纪**	
			古新世	**始新世**

二氧化碳水平上升。平均温度比现在高。

大气中的氧气水平比现在低得多。

开花植物的时代

在白垩纪末期，出现了第一批被子植物——它们会保护自己的种子、花朵和果实。

全球平均气温在 17 ℃以上，覆盖南极洲的冰层变厚了。

昆虫扩散

恐龙出现

第一批哺乳动物是由一群叫作"兽孔目"的爬行动物进化而来的。

鸟类出现

恐龙经历了适应辐射

异龙
这种食肉动物长 12 米。

另一场大灭绝

在白垩纪末期，大约一半的物种消失了。恐龙、大型海洋爬行动物（如蛇颈龙）、这一时期的飞行生物（如翼龙），以及鹦鹉螺（头足类软体动物）从地球上消失了。在新生代开始的时候，这些灭绝物种的大部分栖息地开始被哺乳动物占据。

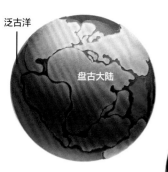

泛古洋

盘古大陆

① **2.9亿年前**
超级大陆盘古形成。在它周围形成了一个叫作泛古洋的巨大海洋。

北美和南美在这段时间末期也加入了进来。巴塔哥尼亚已经成形，一个重要上冲断层推高了安第斯山脉。

非洲大裂谷和红海出现。印度的原始大陆与欧亚大陆发生碰撞。

劳伦西亚大陆

特提斯海

冈瓦那大陆

② **2.5亿年前**
特提斯海慢慢地分裂了盘古，形成了两个大陆，分别被称为劳伦西亚大陆和冈瓦那大陆。

③ **1.63亿年前**
冈瓦那大陆分裂，形成了非洲和南美洲，并形成了南大西洋。

④ **6 000万年前**
北大西洋慢慢地分开，完成了欧洲和北非的形成。

大陆漂移

2.5 亿年前，印度、非洲、澳大利亚和南极洲都是同一大陆的一部分。当构造板块相互摩擦时，陆地和海洋地壳发生地震。板块分离形成了裂缝。构造板块的裂缝之间流出的熔岩形成了海洋下面的大洋中脊。当板块碰撞时，一个叫作俯冲的过程发生了。在这个过程中，洋底的岩石被拉到大陆下面并熔化，以火山的形式重新出现。

劳伦西亚大陆

非洲

南美洲

印度

南极洲

地壳板块

地球的表面是由构造板块形成的。它包含八个主要板块，其中一些甚至包括整个大陆。板块边界有海沟、悬崖、火山链和地震带。

欧亚大陆

非洲

印度

美洲

南极洲

2 300万年前　260万年前

	新近纪		第四纪	
渐新世	中新世	上新世	更新世	全新世

气温降至与今天相似的水平。较低的温度导致森林面积收缩，草原扩张。

末次冰期
最近的一次冰期开始于 300 万年前，并在第四纪开始时加剧。北极冰川扩大，北半球的大部分地区都被冰雪覆盖。

人类在地球出现
尽管最古老的原始人类化石（乍得沙赫人）可以追溯到 700 万年前，但人们相信，现代人类出现在更新世末期的非洲。10 万年前，人类迁移到欧洲，尽管由于气候恶劣，定居在那里很困难。根据一种假设，我们的祖先大约在 1 万年前穿越现在被称为白令海峡的地区，到达了美洲大陆。

覆盖有长毛皮的有羽毛鸟类和哺乳动物飞速进化。

猛犸象
猛犸象生活在西伯利亚。它们灭绝的原因仍处于争论中。

不断变化的地球

我们的地球不是一个死气沉沉、一成不变的星球，它是一个不断变化的系统。我们一直在经历着这样的活动：火山爆发、地震发生，以及新的岩石出现在地球表面。所有这些起源于地球内部的现象，都是在一个叫作内部地球动力学的地质学分支中进行研究的。这一学科分析了大陆漂移和均衡运动的过程，认为它们起源于地壳运动。地壳运动导致地球大面积的抬升和下沉，并且产生了形成新岩石的条件。这一运动影响到岩浆活动（固化后能成为火成岩的熔化物质）和变形过程（从固体材料到变质岩的一系列转变）。

岩浆活动

当地幔或地壳的温度达到最低点时，会产生岩浆，最低熔点的矿物开始熔化。因为岩浆的密度比周围的固体物质密度小，所以它会上升，这样就会冷却并开始结晶。当这个过程发生在地壳内部时，就会产生深成性或侵入性的岩石，比如花岗岩。如果这一过程发生在外部，就会形成火山或喷发的岩石，如玄武岩。

变形

压力和／或温度的上升会导致岩石易于变形，而组成它们的矿物质会变得不稳定。然后这些岩石与周围的物质发生化学反应，产生不同的化学组合，从而形成新的岩石。这些岩石被称为变质岩，比如大理石、石英岩和片麻岩等。

压力
因为较老的岩石与周围的矿物融合在一起，这种力量产生了新的变质岩。

温度
高温使岩石变得可塑，也使它们的矿物质变得不稳定。

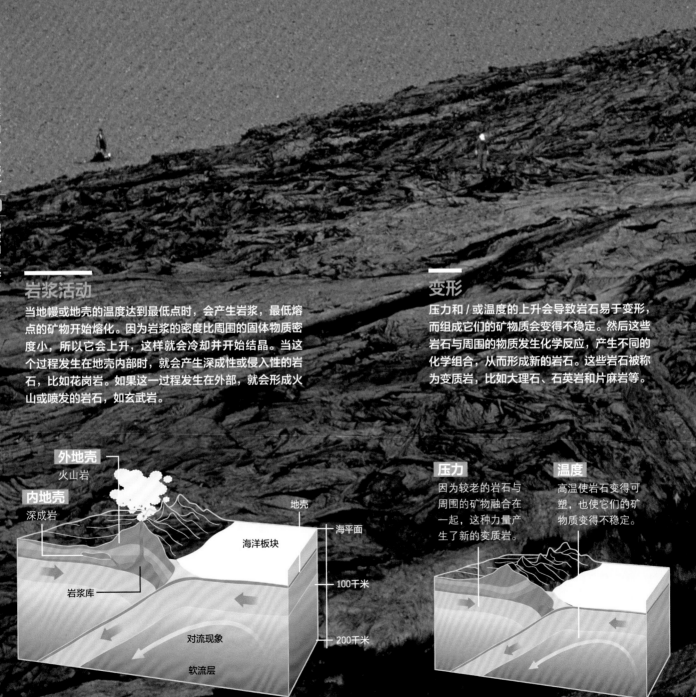

外地壳
火山岩

内地壳
深成岩

岩浆库

地壳

海洋板块

海平面

100千米

200千米

对流现象

软流层

基拉韦厄火山

夏威夷
19°N
155°W

变化的表面

地壳的形成是两种巨大的破坏性力量的产物：风化和侵蚀。通过这些过程的组合，岩石合并、分解和再次连接。生物，特别是植物的根和会挖土的动物，配合这些地质过程。一旦构成岩石的矿物结构被破坏，矿物就会瓦解，任凭风雨的摆布，遭到风雨的侵蚀。

① 侵蚀

外部的手段，如水、风、空气和生物，它们或者单独行动，或者一起行动，磨损了地球表面。地球表面的松散碎片可能被运送到其他地方。在干燥的地区，风会运送沙粒，这些沙子会袭击并抛光暴露的岩石。在海岸上，波浪作用慢慢地侵蚀着岩石。

② 风化

机械手段可以瓦解岩石，化学物质可以分解它们。瓦解和分解可能是植物的根及热、冷、风和酸雨的作用造成的。岩石的分解是一个缓慢但不可阻挡的过程。

折叠

尽管是固体，形成地壳的物质是有弹性的。地球上强大的力量会对材料施加压力，并在岩石上形成褶皱。当这种情况发生时，地面就会上升、下沉。当这种活动大规模发生时，它可以创造山脉。这种活动通常发生在俯冲带。

断裂

当作用于岩石的力变得过于强烈时，岩石就失去了可塑性并产生两种类型的断裂：节理和断层。当这个过程发生得太突然时，就会发生地震。节理是裂缝和裂纹，而断层是裂缝，岩块会在裂缝处产生与断裂平面平行的错位。

皱褶
要形成褶皱，岩石必须是相对具有可塑性的，并受外力作用。

破裂
当岩石快速破裂时，会发生地震。

俯冲带

灼热的岩流

地球内部大部分温度极高，处于炽热的状态。大量的熔融岩石包含熔解的水晶石和水蒸气，以及其他气体，被称为岩浆。当部分岩浆通过火山活动上升到地球表面时，就会成为熔岩。一旦它到达地球表面或海底，熔岩就会开始冷却，并根据它最初的化学成分固化为不同类型的岩石。这是形成我们这颗行星表面的基本过程，也是地球表面不断变化的原因。科学家们正是通过研究熔岩来更好地了解我们的星球。

火焰的洪流

每次火山喷发的核心物质是熔岩。熔岩的特征各不相同，这取决于它所含的气体以及化学成分。火山喷发的熔岩中充满了水蒸气和气体，如二氧化碳、氢气、一氧化碳和二氧化硫。当这些气体被排出时，它们就会冲进大气中，形成一团湍流，有时会导致暴雨。被火山喷发和散布的熔岩碎片可分为火山弹、火山渣和火山灰。一些大的碎片会掉进火山口。熔岩移动的速度在很大程度上取决于火山的陡峭程度。一些熔岩流的长度可以达到145 千米，速度达到 50 千米／时。

强烈的热量

熔岩的温度可以超过 1 200 ℃。熔岩越热，流动性越强。当熔岩大量喷发时，会形成火焰的洪流。当熔岩冷却并变硬时，其前进速度便会减慢。

矿物组成

熔岩中含有大量的硅酸盐。这是一种占地壳 95% 的轻质岩石矿物。熔岩含量第二丰富的物质是水蒸气。硅酸盐决定熔岩的黏度，也就是它的流动能力。根据黏度的不同，按照硅酸盐含量从少到多的顺序，可将熔岩分为玄武岩、安山岩和流纹岩。这是最为常用的熔岩分类方法之一。玄武岩熔岩形成了长长的熔岩流，比如夏威夷典型的火山爆发时的场景；而流纹岩则由于其流动性较差而产生爆炸性的喷发。以安第斯山脉命名的熔岩，是一种中等黏度的中间类型熔岩。

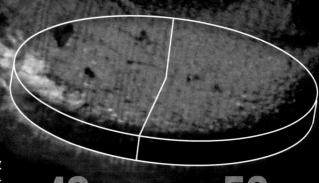

48 % 其他物质

52 % 硅酸盐

岩石循环

熔岩一旦冷却，就会形成火成岩。这类岩石经过风化和自然演变，如变质和沉淀，将形成其他类型的岩石。当它们重新回到地球内部时，又变成了熔融的岩石。这个过程需要数百万年的时间，被称为"岩石循环"。

变质岩
它们的原始结构因受热和压力而改变。

沉积岩
材料经侵蚀和压实形成的岩石。

变回熔岩

变回熔岩

② **火成岩**
岩浆（或地球表面的熔岩）凝固时形成的岩石。玄武岩和花岗岩是火成岩的绝好例子。

① **熔岩**
岩浆作为液体出现在地球表面时的名称。

固态熔岩
温度在 900 ℃以下时，熔岩会凝固。最黏稠的熔岩会形成粗糙的地貌，到处都是锋利的岩石。但流动性更好的熔岩往往会形成更平坦、更光滑的岩石。

1000 ℃
是液态熔岩的平均温度。

熔岩种类

玄武岩熔岩主要分布在岛屿和大洋中脊；它的流动性很好，在流动的时候容易扩散。安山岩的流动速度很慢，可以形成厚达 40 米的熔岩层；而流纹岩非常黏滞，它在到达地表之前，就会形成固体碎片。

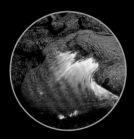

安山岩
硅酸盐
63%
其他物质
37%

流纹岩
硅酸盐
68%
其他物质
32%

矿物：
地球的"砖块"

矿物是构成地球和宇宙中所有其他固体物质的"砖块"。通常，它们是根据其化学成分和有序的内部结构来定义的。它们中的大多数都是固体结晶物质。但有些矿物的内部结构是无序的，是类似于玻璃的无定形固体。研究矿物有助于了解地球的起源。矿物可根据其成分和内部结构以及硬度、重量、颜色、光泽和透明度等特性进行分类。尽管已经发现了 4 000 多种矿物质，但在地球表面常见的矿物质大约只有 30 种。

成分

矿物的基本成分是元素周期表上列出的化学元素。如果矿物质是孤立的，只包含一个元素，并且发生在它们最纯净的状态，那么矿物质就被归类为原生。如果它们由两个或更多的元素组成，就被归类为复合矿物质。大多数矿物都属于复合范畴。

矿物
由元素周期表中的

112 种

元素
构成

银枝晶的显微照片

① 原生矿

这些矿物可分为：
金属和中间金属、
半金属、非金属。

金

热和电的一种极好导体。
酸对它几乎没有影响。

金属和中间金属

具有较高的导热性和导电性的原生矿物。它们具有典型的金属光泽，硬度、延展性和柔韧性都较低。它们很容易识别，例如黄金、铜和铅。

银

这张特写照片显示，枝晶是由八面体堆叠而成的，有时是一种细长的形状。

半金属

比金属更脆弱、导电率较低的原生矿物，例如砷、锑和铋。

非金属

一种重要的矿物，包括硫。

② 复合矿

当化学键在不同元素原子之间形成时，就会形成复合矿物。复合矿物的性质与它的组成元素的性质不同。

岩盐

是由氯和钠组成的。

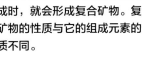

铋

硫

多态性

由相同化学成分形成不同结构从而产生几种不同矿物的一种现象。在温度或压力条件的促进下，多形态矿物之间的转变可以是快速或缓慢的，也可以是可逆的或不可逆的。

化学构成	晶系	矿物
碳酸钙	三方晶系	方解石
碳酸钙	菱形晶系	霰石
硫化铁	立方晶系	黄铁矿
硫化铁	菱形晶系	白铁矿
碳	立方晶系	金刚石
碳	六方晶系	石墨

金刚石和石墨

矿物的内部结构会影响其硬度。石墨和金刚石都是由碳元素构成的，但硬度不同。

已有

4 000

多种矿物

被国际矿物学协会识别。

同型矿物

当具有相同结构的矿物，如岩盐和方铅矿，交换阳离子时，就会发生同构现象。它们的结构保持不变，但产生的物质是不同的，因为一个离子交换了另一个离子。这一过程的一个例子是菱铁矿（菱形 $FeCO_3$），当它将铁（Fe）离子与同样大小的镁（Mg）离子交换时，它会逐渐变成菱镁矿（$MgCO_3$）。由于离子大小相同，所以结构保持不变。

岩盐和方铅矿

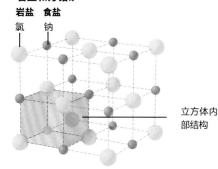

岩盐 食盐
氯 钠

方铅矿 硫化铅
硫 铅

立方体内部结构

金刚石 石墨

碳原子

模型

展示了 1 个原子如何与其他 4 个原子连接。

每个原子与同一类型的其他四个原子相连。碳原子网络通过强共价键在三维空间中扩展。这就形成了一种几乎坚不可摧的矿物质。

硬度为 10
按照莫氏体系。

原子形成六边形，它们在平行的薄片中紧密地相互连接。这种结构使原子层之间可以滑动。

硬度为 1
按照莫氏体系。

生命起源

大约 38 亿年前，地球上的生命以微生物的形式开始，它决定并继续决定着地球上的生物进程。科学家试图通过一系列的化学反应来解释生命的来源。这些反应是偶然发生的。在数百万年的时间里，它们会形成不同的生物体。

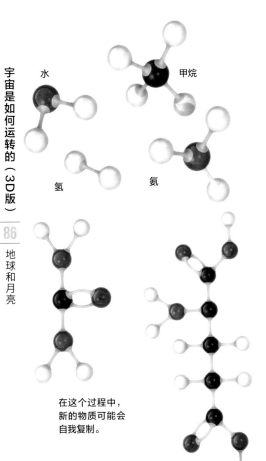

水　甲烷

氢　氨

在这个过程中，新的物质可能会自我复制。

第一次反应

45 亿年前，大气中游离的氧和二氧化碳保持在非常低的水平；然而，它富含简单的化学物质，如水、氢、氨和甲烷。闪电和紫外线辐射引发了化学反应，形成了复杂的有机化合物（碳水化合物、氨基酸、核苷酸），从而构成了生命的组成部分。

原始细胞

第一批生物（原核生物）开始成群发展，形成了一种被称为共生的合作过程。因此，真核生物，更复杂的生命形式，在出生时就包含了一个有遗传信息（DNA）的细胞核。在很大程度上，细菌的发展是一种化学进化，它来自获得阳光和从水中提取氧气（光合作用）的新方法。

原核生物

第一种生命形式，它没有细胞核或覆盖膜。这些单细胞结构的遗传密码会游离在细胞里。

细胞纤维

游离在内部的DNA

核糖体

质膜

细胞壁

太古代 46亿前	45亿前	42亿前
大气将地球与其他行星区分开来。	火山爆发和火成岩主导着地球的地貌。	地球表面冷却并积累液态水。

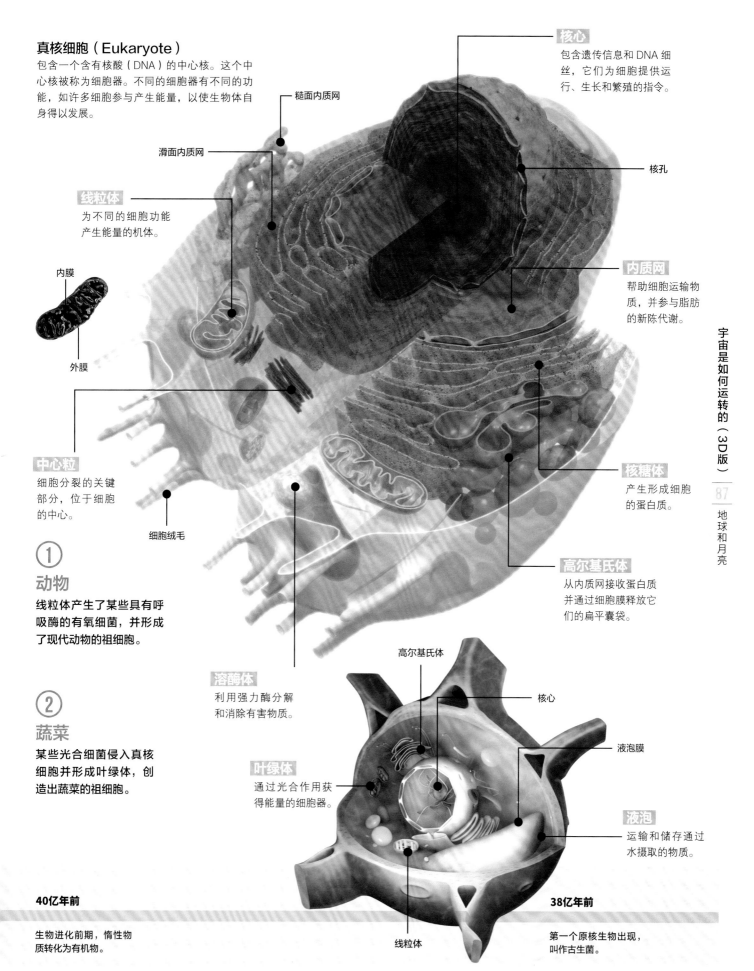

真核细胞（Eukaryote）

包含一个含有核酸（DNA）的中心核。这个中心核被称为细胞器。不同的细胞器有不同的功能，如许多细胞参与产生能量，以使生物体自身得以发展。

糙面内质网

滑面内质网

线粒体

为不同的细胞功能产生能量的机体。

内膜

外膜

中心粒

细胞分裂的关键部分，位于细胞的中心。

细胞绒毛

核心

包含遗传信息和DNA细丝，它们为细胞提供运行、生长和繁殖的指令。

核孔

内质网

帮助细胞运输物质，并参与脂肪的新陈代谢。

核糖体

产生形成细胞的蛋白质。

高尔基氏体

从内质网接收蛋白质并通过细胞膜释放它们的扁平囊袋。

溶酶体

利用强力酶分解和消除有害物质。

① **动物**

线粒体产生了某些具有呼吸酶的有氧细菌，并形成了现代动物的祖细胞。

② **蔬菜**

某些光合细菌侵入真核细胞并形成叶绿体，创造出蔬菜的祖细胞。

高尔基氏体

核心

液泡膜

叶绿体

通过光合作用获得能量的细胞器。

液泡

运输和储存通过水摄取的物质。

线粒体

40亿年前

生物进化前期，惰性物质转化为有机物。

38亿年前

第一个原核生物出现，叫作古生菌。

化石遗迹

迄今为止发现的最古老的化石可以追溯到元古代的末期，它们在埃迪卡拉（澳大利亚）被发现，是多细胞生物具有不同组织的第一个证据。人们相信这些标本不是动物，而是由几个没有内腔的细胞组成的原核生物。

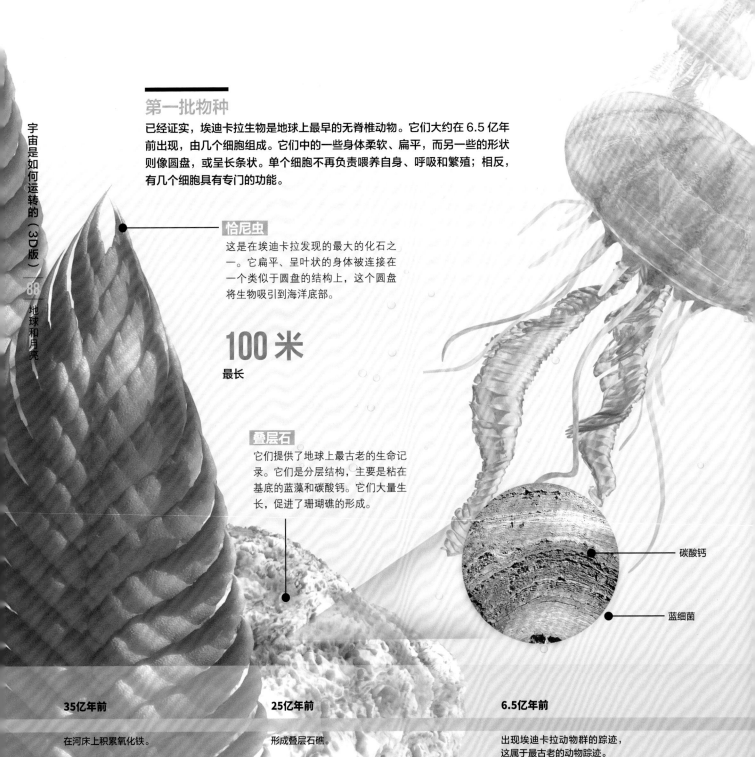

第一批物种

已经证实，埃迪卡拉生物是地球上最早的无脊椎动物。它们大约在 6.5 亿年前出现，由几个细胞组成。它们中的一些身体柔软、扁平，而另一些的形状则像圆盘，或呈长条状。单个细胞不再负责喂养自身、呼吸和繁殖；相反，有几个细胞具有专门的功能。

恰尼虫

这是在埃迪卡拉发现的最大的化石之一。它扁平、呈叶状的身体被连接在一个类似于圆盘的结构上，这个圆盘将生物吸引到海洋底部。

100 米

最长

叠层石

它们提供了地球上最古老的生命记录。它们是分层结构，主要是粘在基底的蓝藻和碳酸钙。它们大量生长，促进了珊瑚礁的形成。

碳酸钙

蓝细菌

35亿年前

在河床上积累氧化铁。

25亿年前

形成叠层石礁。

6.5亿年前

出现埃迪卡拉动物群的踪迹，这属于最古老的动物踪迹。

莫森水母（*Mawsonite*）

这种水母在水流的帮助下慢慢地在水中移动。它收缩了它的伞，伸出触角，用它的微型矛来捕获猎物。

9～10 厘米
直径

环轮水母

古老的圆形化石，中间有一个凸起，有多达五个同心的脊梁。一些放射肋一直延伸到外盘。

金伯拉虫

第一个已知包含了体腔的有机体。据说，它的大小与软体动物相似。

20 厘米
长度

3 厘米
长度

三分盘虫

人们认为这一物种是珊瑚、海葵和海星的远亲。它是由3个对称部分组成的圆盘状生物。

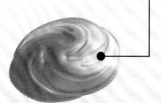

狄更逊水母（*Dickinsonia*）

因为与已经灭绝的物种斯宾瑟（Spinther）有相似之处，它通常被认为是一种环形虫。它也可能是软体真菌"香蕉珊瑚"的一个版本。

5 厘米
直径

5.42亿年前

寒武纪开始了。多细胞生命形式迎来重大发展。

5.4亿年前

第一批无脊椎动物生存的年代（第一批无脊椎动物的遗迹，在加拿大伯吉斯页岩中被发现）。

寒武纪爆发

在大约 5 亿年前的寒武纪时期，生命有了爆发式的发展，形成了多种被外骨骼或壳所保护的多细胞生物。尽管这些生物代表了寒武纪时期的动物群，但同一时期还有一些软体动物与它们共同生活。

伯吉斯页岩领域

伯吉斯页岩位于加拿大不列颠哥伦比亚省的幽鹤国家公园，是 1909 年由美国古生物学家查尔斯·沃尔科特发现的一个著名的化石场。伯吉斯页岩是寒武纪时期世界上最大的软体动物化石储藏地。它是成千上万保存完好的无脊椎动物化石的家园，如节肢动物、蠕虫和原始的脊索动物。

10毫米

由于具有强大的外骨骼，奇虾（Anomalocaris）对寒武纪的海洋生物形成了巨大威胁。

海绵动物
它们通常与不同种类、大小和形状的藻类一起发展。

三部虫门
生活在沙子以及或深或浅水域淤泥中的底栖蠕虫。

2厘米
长度

寒武纪
（5.42亿—4.883亿年前）

寒武纪开始

氧气的增加帮助贝壳形成。

奇虾

这是当时已知的最大食肉节肢动物。它有一个圆形的嘴巴，附肢使它能够牢牢地抓住猎物，两侧的鳍让它能游泳。

皮卡虫（Pikaia）

最早的脊索动物之一，类似于游动的蠕虫，尾巴是鳍状的。它是脊椎动物中已知的最古老的祖先。

10 厘米
最长

与人体对比
60 厘米
长度

马尔三叶形虫（Marrella）

这是一种小型的游动节肢动物，很可能是伯吉斯页岩食肉动物的猎物。

10 厘米
长度，包括其四肢

怪诞虫（Hallucigenia）

这个节肢动物的防御系统是它作为腿的长钉。

10 厘米
最长

进化爆发

寒武纪见证了非常多的身体设计的形成。

珊瑚礁

由无数的软体动物组成。

征服地球

古代生物见证了生物进化过程中的一个转折点：大约 3.6 亿年前它们征服了陆地。在这个过程中，从新的维管植物的设计、骨骼和肌肉结构的变化到新的繁殖系统，这些不同的适应机制是十分必要的。爬行动物和它们的新羊膜卵的出现意味着脊椎动物对陆地的决定性殖民，就像花粉使植物完全独立于水一样。

70 厘米
巨脉蜻蜓大约的翅展宽度

颌
这是脊椎动物进化的关键，它使它们成为食肉动物。

新的鱼类
这一时期见证了无颌壳鱼类的发展，这是已知的第一批脊椎动物。有颌鱼和淡水鱼会在这之后出现；它们的进化与骨鱼的优势相吻合，两栖动物由此进化而来。

500 厘米
邓氏鱼的最长长度。

泥盆纪被称为鱼的时代

梭鱼头骨

鳍
为了在水中移动，棘螈把鱼鳍从一侧移到另一侧。它在向陆地移动的过程中保留了这片鳍。

背鳍

薄且有分裂的鳍

头和胸甲连在一起

边缘锋利的骨齿

邓氏鱼
与人体大小对比。

奥陶纪	志留纪	泥盆纪
4.883亿—4.437亿年前。	4.437亿—4.16亿年前。	4.16亿—3.592亿年前。
第一批生物体——地衣和苔藓植物出现。	巨大的珊瑚礁和某些类型的小植物出现。	维管植物和节肢动物在干燥的陆地上形成了许多生态系统。

从鳍到四肢

两栖动物的进化促进了对新的食物来源的探索，例如昆虫和植物，以及对新的呼吸系统的适应。因此，水生脊椎动物不得不改变它们的骨骼并发展肌肉。与此同时，它们的鳍变成了腿，这使得它们可以在陆地上移动。

棘螈
与人手的大小对比。

90～120 厘米
最长

脊骨
在椎骨之间，有一种叫作"椎骨关节突"的突起部分，能够保持脊椎刚硬。

食肉动物
它进化出了一个大嘴巴，使它能够捕猎其他脊椎动物。

骨骼结构
只有3根骨头（肱骨、桡骨和尺骨），形成了它腿骨的结构。不像鱼，它们有1个可移动的手腕和8个手指，像铁锹一样移动。

羊膜卵
脊椎动物在陆地上的成功殖民，归因于有柔韧卵壳覆盖的羊膜卵的进化。

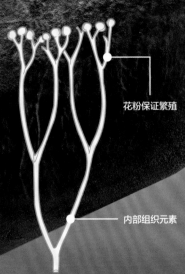

气囊
蛋白
壳
卵黄囊
绒毛膜
胚胎
尿囊
羊膜

6 厘米

维管植物的发展
将水从根部输送到茎部以及将光合作用产物输送到相反方向的需求，导致植物发展出一种内部组织系统。基于花粉的繁殖使植物最终适应了土地。

花粉保证繁殖

内部组织元素

石炭纪
3.592亿—2.99亿年前。

四足动物和有翅膀的昆虫出现。

二叠纪
2.99亿—2.51亿年前。

陆地上出现了各种各样的昆虫和脊椎动物。

生命树

这张图是一棵进化树，它解释了所有生物是如何相互关联的。

它是利用来自化石的信息和从结构和分子的比较中获得的数据汇编而成的。进化树所立足的理论认为，所有生物体都是从共同祖先——原始细胞进化而来。

真核细胞

包括那些细胞中含有一个真正细胞核的活物种。覆盖单细胞生物和多细胞生物。

古生菌

这些生物是单细胞和"微观"的。它们中大多数是厌氧的，而且生活在极端的环境中，其中有部分通过释放甲烷来作为其代谢过程的一部分。古生菌有 500 多种已知的物种。

动物

多细胞异养生物。其特点是移动性和内部器官系统。它们有性繁殖，其新陈代谢是有氧的。

植物

多细胞自养生物，它的细胞含有细胞核。它们利用叶绿体进行光合作用。

刺胞动物

包括水母、珊瑚虫等物种。

两侧对称动物

双边对称的生物。

广古菌门

嗜盐菌。

初古菌门

这个菌群是最原始的菌群。

无维管植物

没有内部的维管系统。

维管植物

有内部的维管系统。

软体动物

包括章鱼、蜗牛和牡蛎。

脊椎动物

它们有一个脊骨以及一个保护它们的大脑和骨骼的头骨。

泉古菌门

在高温环境下被发现。

含种子的植物

种子被暴露在植物上，并结出花朵或果实。

不形成种子的植物

以简单的组织和茎干为特征，茎干的表面具有优先位置。

被子植物

会开花、结果的植物。包括超过25万个物种。

软骨鱼

包括鳐形目鱼、蝠鲼和鲨鱼。

四足动物

它们有四个肢体。

两栖动物

出生在水里，生活在陆地上。

起源

现有的科学证据表明，所有物种都有共同的祖先；然而，并没有关于其起源的确凿数据。人们知道，生命的第一个表达必须是原核单细胞生物，其遗传信息包含在细胞壁的任何地方。

裸子植物

它的种子是裸露的。

细菌

生活在菌落表面的单细胞生物。一般来说，它们有一个由肽聚糖组成的细胞壁，它们中很多都有纤毛。据称，它们已经存在了 38 亿年。

球菌
肺炎双球菌是它的一个例子。

杆菌
大肠杆菌以这种形式出现。

螺旋状菌
呈螺旋形或螺旋状。

弧菌
在盐水中能发现它们。

原生生物

包括不能分类在其他种群中的物种，如藻类和变形虫。

真菌

细胞壁被甲壳质增厚的异养细胞生物。它使用的是外部消化系统。

担子菌纲
包括按钮蘑菇。

接合菌纲
它们通过合子囊的方式繁殖。

1000万

生存在地球上不同环境中的动物种类的数量。

子囊菌纲
这个群体的物种数量最多。

壶菌纲
它们中的一些甚至有移动细胞。

半知菌纲
有性繁殖阶段不明了。

节肢动物
它们有外骨骼。它们的四肢是关节的附肢。

昆虫
从进化的角度来看，它们是最成功的。

羊膜动物

这个群体中的物种将它们的胚胎保护在一个密封的结构中——羊膜卵。只有一些哺乳动物仍然是卵生的。但胎盘类哺乳动物（如人类）的胎盘是一种改良过的卵；它的膜已经被改变了，但是胚胎仍然被羊膜包围着，里面充满了羊水。

硬骨鱼
具有骨头和一个下颌。

多足纲
千足虫和蜈蚣。

甲壳纲动物
螃蟹和龙虾。

蛛形纲动物
蜘蛛、蝎子和螨虫。

羊膜动物
胚胎诞生于羊膜中的物种。

胎盘哺乳动物
它们的幼崽出生时已经完全发育。

人类

人类是灵长类动物秩序的一部分，这是包含胎盘类或真兽亚纲哺乳动物的 19 个秩序之一。我们与猴子和猿有相同的特征，我们最亲近的物种是类人猿，比如黑猩猩或大猩猩。

哺乳动物
它们的幼崽靠母亲的乳汁养育。

有袋目哺乳动物
它们的胚胎在子宫外完成发育。

鸟类和爬行动物
卵生的物种。

陆龟
最古老的爬行动物。

蜥蜴亚目
包括鳄鱼。

蛇
有鳞目长体动物。

单孔目动物
唯一卵生的哺乳动物。它们是哺乳动物中最原始的形式。

5416

在这三个分类中包括 5 416 种哺乳动物。

其他起源?

一些地球物理学家认为，近 40 亿年前地球并不具备维持有机物生存所必须的条件。另一种理论认为，第一批复杂的分子和简单的有机化合物是嵌入在彗星和小行星中，从外太空到达地球的。

胚种论

这个理论可以追溯到古希腊时期，认为包含生命的细菌存在于整个宇宙中。因此，如果没有从到达彗星和流星的细菌中传播，地球上的生命就不会存在。这一理论是建立在研究的基础上的。这些研究得出结论，细菌孢子可以在外层空间的极端条件下生存，包括在银河系中航行数千年。

斯凡特·阿伦尼乌斯

这位瑞典科学家，1903 年的诺贝尔化学奖获得者，是胚种论的主要支持者。这个理论认为，生命的种子是通过太阳辐射传播的。但这一理论被保罗·贝克勒尔（Paul Becquerel）否定了，他证明了微生物无法在紫外线中存活。

可能的起源

如果生命不是起源于地球，那么它从何而来？天体生物学指出是行星和卫星。在太阳系的胚胎阶段，这些天体可能存在水。

① **火星**
这颗红色行星会从其轨道上抛射出陨石，并最终落在地球上。

② **欧罗巴**
从距离上而言，这是木星的第六颗卫星，它有一个冰冻的表面，其内部可能有水，微生物在那里可能存在。

③ **泰坦**
土星最大的卫星，内部含有丰富的有机化合物。

④ **金星**
虽然温度极高，大气压力过大，但在某一时刻，它可能在大气中供养着微生物的生命。

5%的陨石
它们在太阳系形成初期从火星喷射出来，可能对地球产生了影响。

默奇森陨石

这颗流星于 1969 年在澳大利亚的维多利亚市默奇森附近坠落。它含有数百万的有机化合物，是陨石有生命说现存的证据。

陨石有生命说

20 世纪 60 年代，物理学家弗雷德·霍伊尔和钱德拉·维克拉玛辛赫是这种生源论的有影响力的支持者。他们相信地球生命起源于岩石中的生物从一个星球转移到另一个星球的过程。这些转移在数百万年前对地球产生了影响。1996 年，对火星陨石"艾伦·希尔斯 84001"进行的研究，声称发现了火星细菌的微观化石。这已经成为陨石有生命说的主要证据。

反对

胚种论的人指出，没有一种细菌能在陨石进入大气遭受的高温和陨石撞击的压力下存活。而且，这个理论只是把生命起源的相关谜题转移到了宇宙的另一个源头上。

火星陨石"艾伦·希尔斯 84001"

美国国家航空航天局天体生物学首席科学家、地质学家大卫·麦凯（David McKay）发表的一篇论文，证实了存在着含有微小生命形式的细菌化石。

定向胚种论

一种不那么科学和更具推测性的假设。它提出，其他智慧的外星生命形式故意或偶然地将微生物引入地球。

现代化的天文台

位于智利的阿塔卡马大型毫米／亚毫米波阵
（ALMA），在夜空下仰望繁星。

CHAPTER 4

天文学的
历史

自远古时期，先民要掌握植物生长的规律，便需要记录时间和季节，天文学的雏形由此诞生。在古代，天象常常与迷信和仪式混为一谈。如今，得益于新技术的进步，例如全球各地的巨型望远镜的发明，我们对于宇宙有了更多的新发现。

原始天文学

自人类诞生以来，不同的文明对宇宙星空逐渐形成了各自的信仰和观念。他们试图在天上寻找诸神的踪迹、神圣的象征、可能的预言，以天象作为自己历法的重要参考。可以推断，先民在测量时间、规划农业的社会需要中，对星空进行了系统而仔细的观察，天文学由此起源。

日历与预测

总之，天文学的诞生是历史的必然。5 000 年前，埃及人制定了一个基于太阳活动周期的日历（与我们今天使用的非常相似），帮助他们确定播种、种植、收获的日期，还与他们所居住的尼罗河三角洲被淹没的时间关联起来。美索不达米亚人（苏美尔人和巴比伦人）则依赖气候变化维持生计，发明了占星术作为"预测"和改善其环境的一种方式。

玛雅天文学

中美洲地区的天文知识非常先进，令人惊讶。其中，玛雅文明尤其值得注意，他们的祭司十分了解星辰的运动，并可以预测月食和金星运行轨迹。他们所创造的日历也相当准确。

苏美尔占星学

在古代的美索不达米亚，天文学（自然科学）和占星术（使用恒星占卜）几乎是同一套知识体系。文艺复兴后，这两个领域才在西方社会中逐渐分开。

板子

黏土碎片用来记录太阳升起和落下的位置、恒星群组和月相变化。

抄写员

抄写员或僧伽，传承了大量的宗教、文学和科学知识。几个世纪以后，第一批苏美尔象形文字描绘了楔形的线条。

玛雅的智慧

玛雅的古代建筑在一定程度上反映了他们所掌握的天文知识。例如，奇琴伊察古庙设计有365 个台阶，与一年的天数相同。

美索不达米亚天文学

美索不达米亚的天文学家能够分析太阳运动、
行星和恒星的位置等。他们制定了一套历法，
可以确认日食的频率、预测月食。

关联

他们试图将天上的
活动与地球上的事
件联系起来。

记录

他们的计算和测量
是非常重要的。

星盘

苏美尔人发明的这种
工具，能够确定星星
的位置和运动。

希腊天文学

希腊哲学家特别关注天体的运动。柏拉图认为，宇
宙是由灵魂或更大的力量统治的；而亚里士多德则
相信，有一个同心球体系使得行星能够保持在地球
的引力周围。

安提凯希拉装置

这是一个机械装置，存
在于公元前87年左右，
可以利用复杂的齿轮构
造计算出太阳的位置。

巴鲁神父

掌握了数学、天文学和
宗教内容后，巴鲁成为
一位算命师或宗教代理
人，他将天上的星体变
化，如流星和月食等，
解释为某种预言或象征。

天文学理论

很长时间以来，人们认为地球是静止而不是运动的，太阳、月球和行星都围绕它旋转。随着望远镜的发明，我们认识宇宙的方式发生了变化。这个所谓的宇宙中心不再是"蓝色星球"，所有行星围绕太阳轨道运行的概念已经深入人心。

地心说

地心说（地球是宇宙的中心）的坚定推动者是埃及天文学家克罗狄斯·托勒密。公元2世纪，他整理了古希腊哲学家特别是亚里士多德的天文学思想。尽管其他古代天文学家，例如萨莫斯的阿里斯塔克斯，声称地球是圆的，且围绕太阳运转，但亚里士多德的提议一直被天主教会所采用，作为普遍接受的信仰，保存和捍卫了长达16个世纪。

测量

古代先民在观察了太阳、月亮和星星的周期性运动后发现，他们可以利用天象作为时钟，还制定了历法。不过他们在预测恒星的位置时很难对复杂的计算做出简化，由此发明了星盘。

星盘

有上下两个不同的刻板，可以在两个维度上再现天球，能够测量太阳和星星的高度。

伟大的天文学家

2世纪

**克罗狄斯·托勒密
（90—168）**

他整理了希腊著名天文学家的作品，成为天文学毫无异议的领袖人物。

**尼古拉·哥白尼
（1473—1543）**

他提出太阳是宇宙的中心，而不是地球。

16世纪

17世纪

**约翰尼斯·开普勒
（1571—1630）**

德国天文学家，提出了关于行星运动的3个著名的定律。

日心说

1543 年，就在尼古拉·哥白尼去世前几个月，他出版了他的著作《天体运行论》，引发了所谓的"哥白尼革命"。波兰天文学家进一步发展了日心说理论。日心说认为，太阳是宇宙的中心，地球就像它的一颗卫星。这一理论与教会倡导的地心说截然相反，天主教教会和新教教会都禁止宣扬这些信仰。伽利略则因坚持这个不可否认的事实而被审判。

伽利略的望远镜

望远镜是由荷兰透镜制造商汉斯·里帕席（Hans Lippershey）于 1608 年发明的。然而，直到伽利略将它用于观测天空之前，它都没有被运用到任何科学用途上。

功能

伽利略的第一架望远镜是两端带有两个透镜的皮管，一个是凸面，另一个是凹面。

30 倍

伽利略发明的第一架望远镜可放大物体的倍数。

17 世纪
伽利略
（1564—1642）
他发现了太阳黑子、木星的4颗卫星以及金星的相位。

17 世纪
艾萨克·牛顿
（1643—1727）
他发现了万有引力理论：适用于所有天体。

20 世纪
埃德温·哈勃
（1889—1953）
他研究了星系的扩展，为宇宙大爆炸理论奠定了基础。

星光洒落

星座的名字包括各种动物、神话人物，或古代文明赋予的其他意义，以此作为参照或出行导航。星座里的星星看起来是有序排列在一起的，实际上它们之间可能相距甚远。根据观测者所在的南北半球不同，一年中在不同的时间点，可以观赏到的星座也不一样。

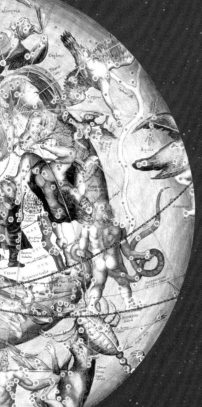

猎户座 χ¹

猎户座 ς

猎户座 μ

参宿四

起源

西方文化中星座的起源可以追溯到美索不达米亚人的第一次天文观测，在希腊-拉丁文化中得以保留，所以如今大部分的星座名都是古典神话人物。后来逐渐发现的其他星座，常常用与科学有关的现象来命名。

变幻的天空

一年中，地球在自己的轨道上运行，所以我们看到的夜空景象会周而复始地变化。观测者在晚上所看到的星座，取决于时间、季节以及观测者所在的纬度位置。只有在赤道地区，才能在同一个晚上看到所有的星座。

88 个 星座

由国际天文学联合会统一规定。

背景星空

地球

太阳

轨道

狮子座
最明亮的是轩辕十四，这里是狮子的心脏。

巨蟹座
是 13 个星座里最暗弱的一个。

双子座
北河二和北河三可以看作双胞胎的头部。

金牛座
最亮的星是红色的毕宿五。

白羊座
它只有一颗非常明亮的星星：白羊座 α（中文名娄宿三）。

双鱼座
这里没有特别明亮的星星。

黄道

从地球上看，太阳一年在天空中移动一圈，路过 13 个星座，即"黄道星座"，构成了占星学的基础。不过，占星家从来不会考虑第 13 号星座蛇夫座。

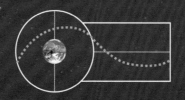

南北差异

观测者在南北两个半球都可以看到星座。然而，我们从北方很难看到天蝎座，从南方很难看到像双子座这样的星座。

猎户座

它的名字暗指希腊神话中的人物：一个巨大而英俊的猎人。它是最常见的星座之一，两个半球的整个夜晚都可以看到。

猎户座 ο

猎户座 π¹

猎户座 π²

猎户座 π³

猎户座 π⁴

猎户座 π⁵

猎户座 π⁶

伐三

参宿五

吉萨金字塔之谜

猎户座腰带上的 3 颗星与埃及 3 座金字塔的对应关系十分密切。

参宿三

参宿二

参宿一

参宿六

参宿七

蛇夫座

它在黄道带（Zodiac）内无法被识别，因为当占星术在 3 000 年前诞生的时候，它离地球的椭圆轨道太远了。

不同的星座文化

在古代，每个文明都发展出了各自不同的星座文化。例如，中国人使用更小、更详细的星座图案，以便获得更准确的位置信息。由此，相同的星座在不同的文明里产生了不同的名字和含义。

天蝎座

为美索不达米亚、希腊、罗马、中美洲和大洋洲等地区所熟知。

大熊座

这个星座熊的形态有些奇怪，因为它有一个大尾巴。

人马座

希腊神话中半人半马的形象，他守护猎户，以恢复自己的视力。

宇宙是如何运转的（3D版）

105

天文学的历史

古巴比伦

古巴比伦人根据公元前 2 000 年的黄道概念来衡量时间，成为当时的历法象征。

人马座

位于银河系的中心区域，布满了星云和星群。

天秤座

曾经是天蝎座的一部分。

室女座

有最明亮的星。

水瓶座

这里有球状星团和行星状星云。

摩羯座

最令人印象深刻的一个星座。

天蝎座

指向银河系，最亮的星是天蝎座 α，中文名心宿二。

苏颂的水运仪象台

公元前 4 世纪到 13 世纪，中国经历了非凡的科学技术的进步，但其结果在很长一段时间内不为人知。其中，苏颂发明的天文钟，即水运仪象台特别值得称赞。水运仪象台发明于 1088 年，是第一个高度精确的时钟，展示了中世纪中华文明先进的天文学知识。

时钟的精度

苏颂水运仪象台的专著《新仪象法要》在 1092 年出版，而其他相关信息则很少留存。功能完备的水运仪象台建造完成于 1090 年。水运仪象台的动力来自于水，每天误差不到 100 秒，还能够不依赖天气情况独立显示恒星群位置。

工人

因其体积庞大，水运仪象台能够容纳几个工人同时操作。

浑天仪

它发明于 978 年，由一系列环组成，是在 17 世纪发明望远镜之前，第一个能够确定恒星位置的仪器。

原动轮

直径 3 米，包括 36 个叶片，其齿轮系统转化所需的动力，驱动浑天仪结构，以及精确校准时间。

报时

仪象台有小型数字，能够显示时间、太阴周和星体的运动。

苏颂的贡献

苏颂（1020—1101），朝廷要员，工程师、植物学家、诗人，宋朝元老。他最著名的发明当属水运仪象台，但他还在其他科学领域做出了许多贡献。除了矿物学、植物学和药理学，他还制作了带有时区的地图，以及带有恒星位置的星图。

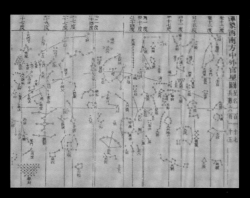

星图

1092 年发表于苏颂的专著中，是世界上最古老的星图之一。

破坏
12 世纪蒙古人入侵中原
时，水运仪象台被摧毁。

结构和运转

① **浑仪**
向上，青铜球体内部自动
变成一个环状的球体，用
来确定恒星的位置。

② **水箱**
水从水箱流向轮子，推动
叶片和原动轮转动。

③ **底层**
它有 4 ~ 5 米高，装有由
一个大轮的铰接桶、分配
齿轮和水容器组成的水力
驱动装置。

④ **排水装置**
为连续的径流提供的一个
容器。

材料
主塔由木头制成，
其最重要的部件
是青铜铸造的。

驱动源
水运仪象台的运转需
要定量的水来维持。

哥白尼与伽利略

在短短的 150 年里，我们对宇宙的认识发生了巨大变化。到 15 世纪末，哥白尼将天文学从宗教认知转到哲学领域，认为地球不是教会所坚持的那样，并不是宇宙中心。尽管被教会禁止，第谷·布拉赫（Tycho Brahe）、开普勒和伽利略等天文学家仍然坚持完善了哥白尼的理论。

哥白尼革命

1543 年，哥白尼的理论出版之前，人们普遍接受的观点是托勒密在 2 世纪提出的地心说。哥白尼利用数学推导出地球运动的结论，发现了地心说的异常，地球除了绕太阳运转外，还进行自转。他还揭示出地球的自转轴是倾斜的。他的想法催生了一个新的时代，标志着科学革命的开始，并成为现代天文学的基础。

望远镜

1609 年，伽利略首次用望远镜观测太空。不过，早在一年前，望远镜就在荷兰被发明出来，当时它被称为小望远镜。

球面星盘

又称浑仪，可以确定恒星的位置。

哥白尼的追随者

哥白尼的许多追随者在宫廷中工作，包括丹麦的第谷·布拉赫、德国的开普勒和意大利的伽利略。

《天体运行论》

哥白尼从未考虑发表他的作品《天体运行论》，但他的学生雷蒂库斯深信，这会是一个改变历史的决定。

NICOLAI CO
PERNICI TORINENSIS

伽利略

他相信哥白尼的理论，但迫于教会的压力不得不保持沉默。但他后来找到了证据来支持哥白尼的学说，并公开说："地球会围绕太阳运转，并且自转。"

伽利略看到了什么

意大利天文学家、物理学家伽利略（1564—1642）是日心说最坚定的捍卫者之一。他试图说服教会怀疑论者，月球上有环形山，木星也有自己的卫星。

教会权威并没有接受伽利略的思想，伽利略于1633年被判为异教徒。

威尼斯执政官

伽利略向威尼斯总督展示他的望远镜时，总督对其军事用途更感兴趣。

参议员

伽利略授予威尼斯参议员制造望远镜的权利（尽管严格来说，这不是他的发明）。

科学方法

伽利略是现代科学思想的创造者之一，他将归纳推理和数学推理相结合，如今已成为现代物理学的方法。

宇宙是如何运转的（3D版）

109

天文学的历史

牛顿与万有引力

英国人牛顿（1643—1727）因万有引力理论而闻名，被认为是有史以来最伟大的科学家之一。他的研究领域和他对科学的贡献大大超出了天文学的界限。牛顿集物理学家、哲学家、发明家和数学家于一身，他的光学著作和数学著作非常出色。

革命性的理论

在1687年出版的著作《自然哲学的数学原理》中，牛顿描述了影响现代天文学最重要的理论之一：万有引力定律。该定律表明，物体会根据它们的质量和它们之间的距离相互施加吸引力。此外，他还认为所有物体都受宇宙中相同的物理规律的支配。牛顿用他的万有引力定律解释了太阳系行星运动规律，并证明了太阳和月球对地球海洋的引力造成了潮汐现象。

牛顿和他的苹果

相传牛顿被树上掉落的苹果砸到，思考物体落地的原因，从而发现了万有引力定律。

运动的定律

牛顿提出了一系列以他名字命名的运动规律，解释了物体的运动、相互作用和原因。这些规律包括：惯性定律、相互作用力定律、作用与反作用定律。

11.2 千米／秒

是任何物体逃离地球引力所需要的速度。

约翰尼斯 · 开普勒(1571—1630)

这位德国天文学家为牛顿的发明奠定了基础。他确定了太阳周围行星的轨道是椭圆形的。他还发现，行星越靠近太阳，运动越快。他发现了行星运动的规律，可以用来预测恒星的运动。

开普勒三定律

① 行星在太阳周围进行椭圆运动。

② 在相等的时间内，行星与恒星的连线扫过的面积相等。

③ 行星轨道周期的平方与它到太阳平均距离的立方成正比。

望远镜

在关于光的本质研究过程中，牛顿发明了反射望远镜。

9.8 米 / 秒^2

在重力作用下产生，地球吸引表面物体的加速度。

光谱

牛顿约在 1666 年证明，白光实际上是由通过玻璃棱镜时其路径在不同角度（由于折射）转向的彩色光组成的。1671 年，牛顿将这个现象解释成"光谱"。

相对论的影响

20 世纪的前几十年，物理学家爱因斯坦的（狭义和广义）相对论震撼了世界，引发了牛顿和伽利略时代所建立的空间、时间和引力这些概念的重大变化。同样撼动的还有对宇宙起源、演化和结构的认知。

相对论

1905 年，爱因斯坦提出了狭义相对论，即时间和空间不是绝对地彼此独立，而是以"四维时空"的形式"合并"，还可以弯曲。10 年后，在 1915 年，爱因斯坦将重力融入他的理论，提出广义相对论：引力是时空弯曲的结果。除了黑洞，爱因斯坦的观点还成为宇宙大爆炸理论的基础。

① 远征队

1919 年，两位科学家利用一次日全食验证了广义相对论：如果该理论正确，某些恒星发出的光靠近太阳时会发生一定角度的移动。

太阳的质量

如图所示，太阳周围的时空弯曲导致星光发生了"转向"，所以目视中恒星的位置其实并不准确。

月影

当月亮位于太阳和地球中间时，月亮的阴影挡住太阳光，产生日食现象，在白天可以看到恒星。

曲线

恒星的光线因为太阳而发生弯曲或"偏转"。

1919 年日全食

利用食甚的短短几分钟验证广义相对论。1919 年 5 月 29 日，两个英国远征队利用日全食证实了爱因斯坦的理论。一组在巴西北部观测验证，另一组在西非。

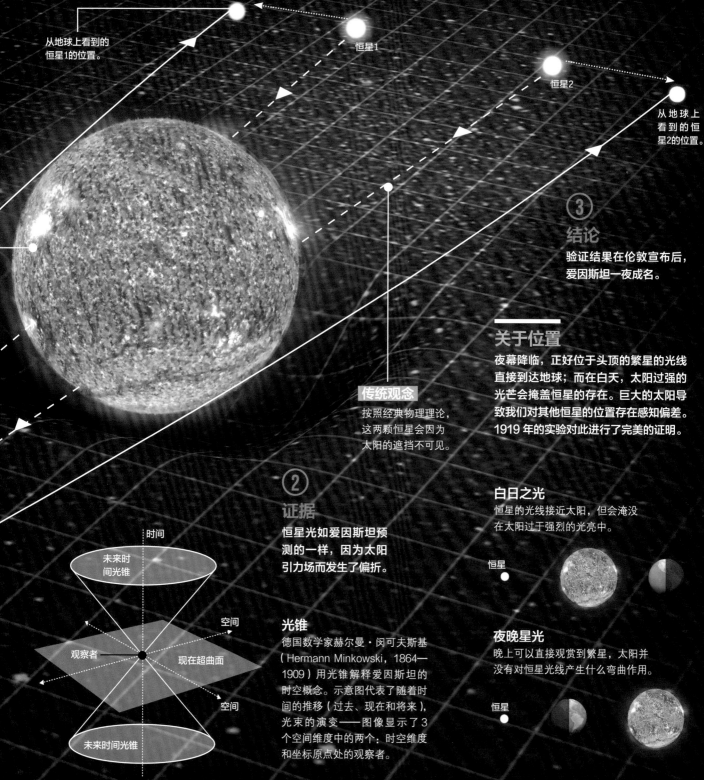

从地球上看到的
恒星1的位置。

恒星1

恒星2

从地球上看到的
恒星2的位置。

③
结论

验证结果在伦敦宣布后，
爱因斯坦一夜成名。

关于位置

夜幕降临，正好位于头顶的繁星的光线
直接到达地球；而在白天，太阳过强的
光芒会掩盖恒星的存在。巨大的太阳导
致我们对其他恒星的位置存在感知偏差。
1919 年的实验对此进行了完美的证明。

传统观念

按照经典物理理论，
这两颗恒星会因为
太阳的遮挡不可见。

②
证据

**恒星光如爱因斯坦预
测的一样，因为太阳
引力场而发生了偏折。**

白日之光

恒星的光线接近太阳，但会淹没
在太阳过于强烈的光亮中。

恒星

时间

未来时
间光锥

空间

观察者

现在超曲面

空间

未来时间光锥

光锥

德国数学家赫尔曼·闵可夫斯基
（Hermann Minkowski, 1864—
1909）用光锥解释爱因斯坦的
时空概念。示意图代表了随着时
间的推移（过去、现在和将来），
光束的演变——图像显示了 3
个空间维度中的两个：时空维度
和坐标原点处的观察者。

夜晚星光

晚上可以直接观赏到繁星，太阳并
没有对恒星光线产生什么弯曲作用。

恒星

宇宙学的成就

1916
奠基理论
爱因斯坦的广义相对论
成为描述宇宙最精确的
理论框架。

1922
理论发展
苏联数学家亚历山大·弗
里德曼提出宇宙膨胀假
说，为宇宙大爆炸理论
奠定基础。

1929
埃德温·哈勃
提出宇宙包含众多独
立的星系，银河系是
其中之一。

1974
暗物质
苏联科学家证明，宇
宙大部分是由暗物质
构成的，这是数十年
来一直存疑的事实。

大型强子对撞机

大型强子对撞机（LHC）是人类有史以来最大型的科学仪器，为理解宇宙如何工作提供了很大的帮助。LHC 是让高速、能量极高的粒子相互碰撞，以便获得有关宇宙基本力的数据和发现新的基本粒子。

大型强子对撞机综合体

LHC 位于瑞士和法国交界处，包括几个直径约 9 000 米的环形隧道，将粒子的能量提高到前所未有的水平，利用超导磁体改变粒子方向并且最终让粒子束撞在一起。LHC 已经进行了六次实验来分析碰撞的结果。

紧凑渺子线圈探测器

该仪器重约 1.25 万吨，用于分析高能质子碰撞过程中产生的粒子（如光子、μ 介子和其他基本粒子）以及质量、能量和速度等方面。

超导磁体

用液氮冷却到几乎绝对零度（-273 ℃），是有史以来最大的磁体，将高能量传递给粒子并引导它们。

μ 介子

可以检测这种基本粒子，测量其质量和速度。

① 粒子加速器

线性粒子加速器将原子核与其电子分离，形成离子。有些离子只含有一个质子（氢离子），其他离子则含有更多（如铅离子）。这些离子被导向地下综合体。

② 速度

离子被加速到接近光速。

③ 提高能量

强大的无线电波脉冲将离子的能量提高到 400 亿电子伏特。

④ 碰撞

数十亿高能离子流被引入到 LHC 加速器中，一些在同方向，另一些在相反的方向上。超导磁体将它们的能量增加 10 倍，然后让粒子束发生碰撞。

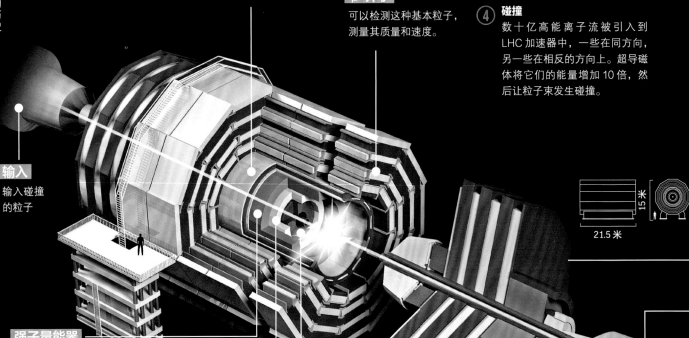

输入

输入碰撞的粒子

15 米

21.5 米

强子量能器

记录强子的能量并分析它们与原子的相互作用。

电磁量能器

精确测量轻质基本粒子的能量，如电子和光子。

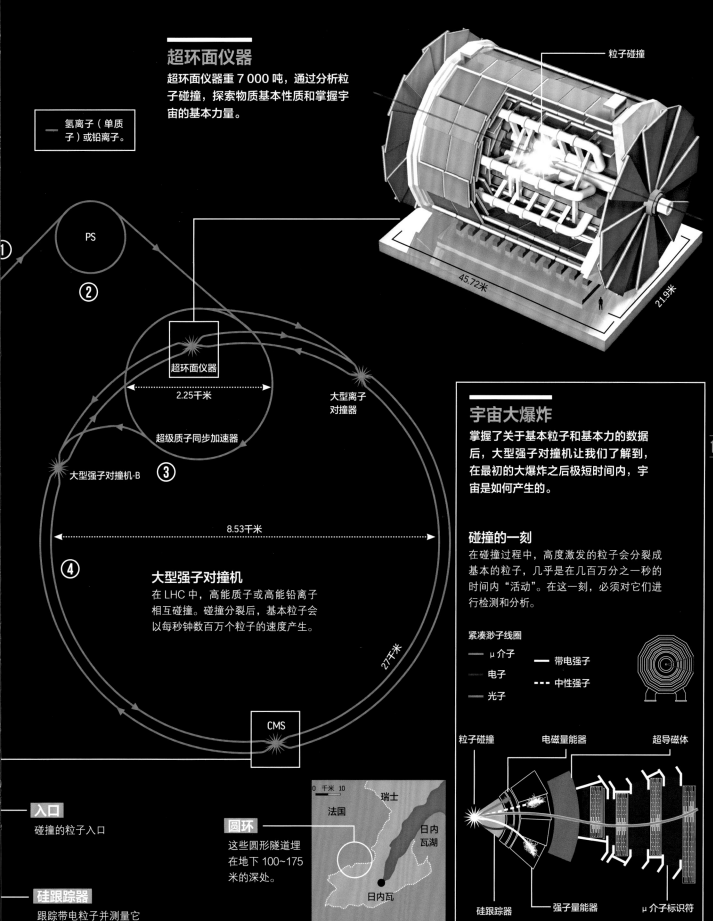

超环面仪器

超环面仪器重 7 000 吨，通过分析粒子碰撞，探索物质基本性质和掌握宇宙的基本力量。

氢离子（单质子）或铅离子。

粒子碰撞

45.72米

21.9米

PS

①
②

超环面仪器

2.25千米

超级质子同步加速器

大型离子对撞器

大型强子对撞机-B ③

8.53千米

④

大型强子对撞机

在 LHC 中，高能质子或高能铅离子相互碰撞。碰撞分裂后，基本粒子会以每秒钟数百万个粒子的速度产生。

27千米

CMS

入口

碰撞的粒子入口

硅跟踪器

跟踪带电粒子并测量它们的速度和质量。

0 千米 10

瑞士
法国
日内瓦湖

圆环

这些圆形隧道埋在地下 100~175 米的深处。

日内瓦

宇宙大爆炸

掌握了关于基本粒子和基本力的数据后，大型强子对撞机让我们了解到，在最初的大爆炸之后极短时间内，宇宙是如何产生的。

碰撞的一刻

在碰撞过程中，高度激发的粒子会分裂成基本的粒子，几乎是在几百万分之一秒的时间内"活动"。在这一刻，必须对它们进行检测和分析。

紧凑渺子线圈

—— μ介子
—— 电子
—— 光子
—— 带电强子
- - - 中性强子

粒子碰撞   电磁量能器   超导磁体

硅跟踪器   强子量能器   μ介子标识符

地基天文台

最早的天文台可以追溯到古巴比伦时代，但它几乎没有看到什么星星。20 世纪，技术的发展使我们可以在无光污染地区建造强大的望远镜，能够探测到数十亿千米外的恒星和行星。

帕瑞纳尔天文台
（Paranal observatory）

甚大望远镜（VLT）是世界上最先进的望远镜之一。它有四个望远镜，探测能力强大，例如，它可以看到月球表面的烛光。望远镜由欧洲八国组成的科学联盟负责运营，其目标之一是寻找围绕其他恒星的新世界。

气象条件

智利的帕瑞纳山位于阿塔卡马沙漠最干燥的地区，那里的天文观测条件非常特殊。主峰高 2 635 米，每年拥有近 350 个晴夜，大气异常稳定。

望远镜

VLT 的主要特点是其革命性的光学设计。得益于自适应光学技术，我们可以获得类似于空间望远镜的分辨率。

面积

圆顶

通过热传感器，感知任何气候变化。

副镜

直径 1.2 米

其他观测台

甚大阵射电望远镜（VLA）

这个射电天文台位于新墨西哥州，有 27 个独立的天线。

拉西拉亚天文台（La Silla observatory）

它在智利阿塔卡马沙漠，其强大的望远镜专门用于寻找太阳系外行星。

双子望远镜

由位于南北半球（夏威夷和智利）的两台双筒望远镜组成，覆盖整个天区。

望远镜部件

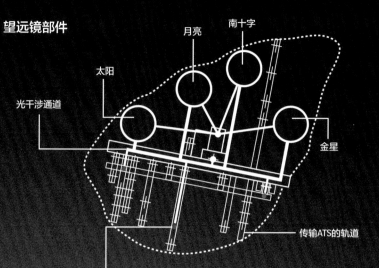

太阳

月亮

南十字

光干涉通道

金星

传输ATS的轨道

辅助伸缩装置
其中的三个直径1.8米，用于干涉测量。

机械结构

复杂的结构

甚大望远镜在 2006 年完成，有四个直径为 8.2 米的反射式望远镜，能够观察比目视暗弱 40 亿倍的物体。VLT 还有 3 个直径 1.8 米的可移动辅助望远镜，与大望远镜配合使用，可进行干涉测量：模拟直径 16 米、分辨率 200 米望远镜，甚至能看清月球上的一个宇航员。

自适应光学系统

为了抵消地球大气的模糊效应，VLT 采用了主动光学系统，该系统具有 150 个活塞，可以移动反射镜，将光线重新排列成清晰的图像。

主动光学

自适应光学

线偏振光束

反射光束

150个活塞单元

曲面

未校正视场

矫正视场

莫纳克亚天文台
建在夏威夷的一座死火山上，包括英国、法国 – 美国以及美国的天文台。

ALMA 阵列
阿塔卡马大型毫米波（ALMA）阵列有 66 个高精度天线，可以观察毫米波和亚毫米波。

加那利大型望远镜
这个西班牙群岛有两个重要的天文台：泰德峰天文台和穆查丘斯罗克天文台。

星图

天地同类，如同地图能帮助我们找到地球某个点的位置一样，星图也可以用类似的坐标系来指示各种天体和它们的位置。基于天球（星星都位于地球周围一个假想的球面）的想法，我们制作了平面星图和星盘。常见的有极坐标星图和双月（每月）星图。

天球

天球是人们假想出来的，延伸到地球周围的球面，是现代星图的基础。球面划分有与地球相对应的坐标网络，能够定位天球上的星座。天赤道是地球赤道的投影，北极和南极天体与地球轴线对齐，椭圆轨道与太阳移动的路径重合。

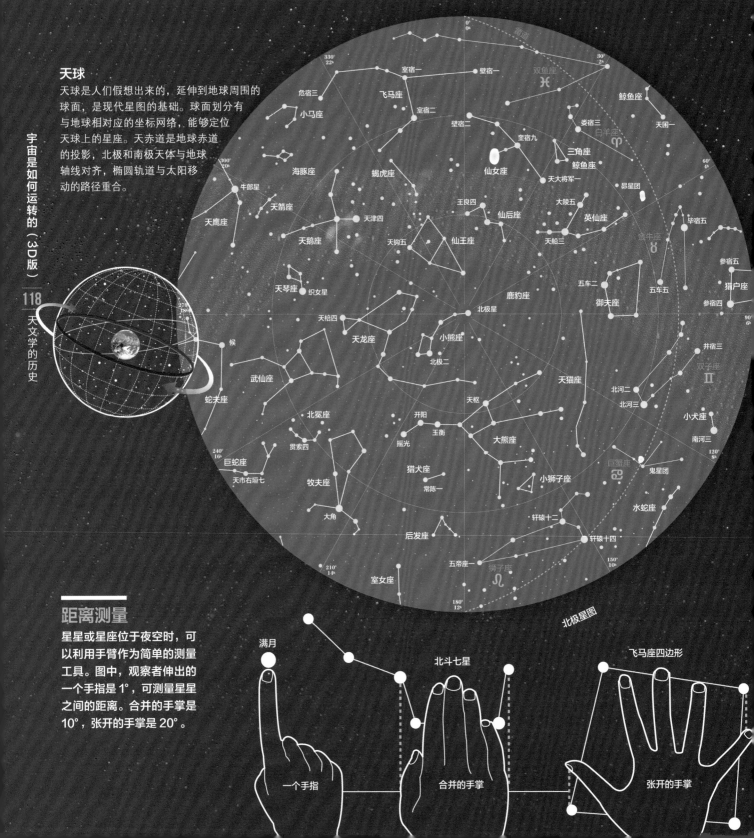

北极星图

距离测量

星星或星座位于夜空时，可以利用手臂作为简单的测量工具。图中，观察者伸出的一个手指是1°，可测量星星之间的距离。合并的手掌是10°，张开的手掌是20°。

满月　　　北斗七星　　　飞马座四边形

一个手指　　　合并的手掌　　　张开的手掌

如何阅读星图

为了更详细地研究星空，天文学家将天球分成几部分，可以显示特定时间、特定地点观察到的特定天区，或者可以只对准某个区域。在地球上指定某点位置，要用纬度和经度坐标；在天球上，是利用赤纬和赤经坐标。观测者如果位于赤道附近的话，能够直接看到天赤道经过头顶。

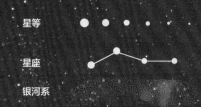

星等

星座

银河系

恒星运动

观测者的纬度不同，所看到的星空和恒星的移动方式是不同的。当观测者向北或向南移动时，所看见的星空会发生部分的改变。南北极天体的地平高度，决定了恒星的运动轨迹明显与否。

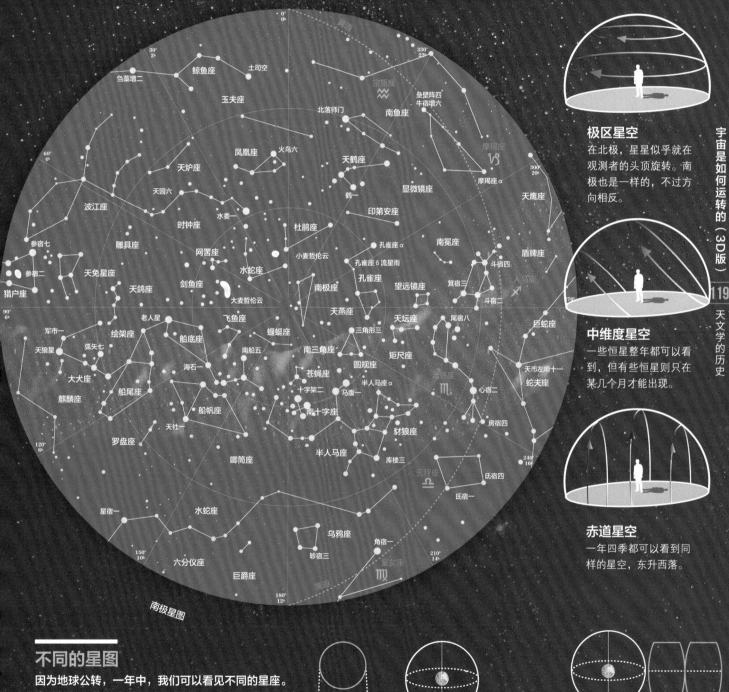

南极星图

极区星空

在北极，星星似乎就在观测者的头顶旋转。南极也是一样的，不过方向相反。

中维度星空

一些恒星整年都可以看到，但有些恒星则只在某几个月才能出现。

赤道星空

一年四季都可以看到同样的星空，东升西落。

不同的星图

因为地球公转，一年中，我们可以看见不同的星座。随着地球在轨道上位置的不停变化，每个夜晚会看到不同的星空。为了弥补这种变化，星图设计有各种角度：南、北极星图和每月赤道星图。

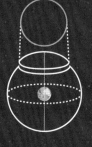

极坐标星图

包括北极星图和南极星图两种。

赤道星图

6幅双月星图包括全年所见的所有88个星座。

后院天文学

今天，得益于强大的双筒望远镜和天文望远镜，太空能够清晰地展现在我们眼前。在星图的帮助下，我们可以识别星系、星云、星团、行星以及更多的深空天体。对于观测者来说，首先要对夜空有相当的了解和熟悉。

基本装备

在抬头仰望星空之前，要确保你的工具齐全。对于新手来说，最基本的装备包括：双筒望远镜，更进一步的是天文望远镜、活动星图和笔记本。还需要一个指南针，这样能够帮助你识别四个方向，此外还要有照明灯。

活动星图

指南针

罩有红色玻璃纸的手电，帮助眼睛在夜晚提高暗适应能力。

如何观察月球

观测者可以利用双筒或者天文望远镜观察月球表面不同的风貌。月球对于初学者来说是个很好的观测目标，因为它通常会比较亮。

月球
肉眼看上去的月球。

10倍大的月球
双筒望远镜中，10倍大的月球。

50～100倍大的月球
天文望远镜中，50～100倍大的月球。

星座运动

与太阳的东升西落相似，恒星和行星们也会有类似的视运动。不过，实际上它们并不是这样运转，而是我们地球的自转导致了这样的错觉。

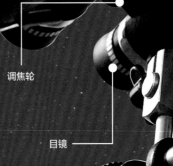

望远镜外镜筒

内光路

调焦轮

目镜

调节螺杆

三脚架连接装置

可观测的目标

除了恒星和行星，还可以观测到通信卫星、间谍卫星、飞机、彗星、陨星等。我们可以通过它们的形状和运动特征来识别。

流星

流星会在短至几分之一秒的时间里，摩擦并爆发出光亮。

月球

我们在地球上看到的月球通常都是这一面（如图），除了新月期间，我们都至少能看到月球的一部分。

金星

通常，金星会在黄昏时刻出现在地平线附近。

通信卫星

大型的通信卫星常常比一些恒星更亮，还有一些在夜空划过的时间会比较长。

彗星

地球每隔几年都会有肉眼可见的彗星光顾，一般能够持续数星期到数月不等。

镜片组

棱镜组

星点连线

夜空中的星座看上去是一组恒星的连线。实际上，它们之间相距甚远。只是从某个特定的角度看，恒星聚集在一起，组合成某些形状。

1.7 万光年

距离地球

半人马座 Ω 球状星团

4.2 光年

距离地球

半人马座 α 星

测量方法

活动星图是一种能够确定恒星在天空中位置的星座图。想要得到某颗恒星的位置数据，我们可以利用自己的胳膊和身体，通过恒星与地平线的高度，得到其相对地平线的高度。

测量方位角

90°

活动星图中标注了每颗恒星的基向。以南或北向为起点，胳膊呈90°的姿势。

45°

地平线

东南侧的恒星大约在45°。利用胳膊的指示可以测出结合方位角的高度角的数据。

测量高度角

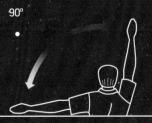

90°

从地平线开始，一只胳膊沿这条线伸展，另一只与其垂直。

45°

测量45°角最简单的方法是，一只胳膊从地平线开始，到天顶90°的一半。

"奋进"号航天飞机

1994年9月30日，"奋进"号航天飞机发射
升空，搭载着 NASA 的六名宇航员和太空雷
达实验室 2 号。

CHAPTER 5

太空竞赛

1957年，苏联发射了第一颗人造卫星"伴侣"号
（Sputnik），拉开了美、苏大国太空争霸赛的序
幕。1969年，美国实施"阿波罗"载人登月计划，成
为太空探索史上首个重要的里程碑。

从科幻到现实

宇航学的真正诞生是在 19 世纪末，苏联火箭之父康斯坦丁·齐奥尔科夫斯基（Konstantin Tsiolkovsky，1857—1935），当时提出了使用火箭克服地球引力飞往太空的预言。而太空竞赛真正拉开帷幕，是在 1957 年苏联成功发射第一颗人造卫星"伴侣"号之后。

第一颗人造卫星——"伴侣"号

它是一个直径 58 厘米的铝质球体。卫星在太空飞行 21 天，发回了包括宇宙射线、小行星、地球高层大气密度和温度等信息。57 天后，"伴侣"号坠毁于大气层。

83.6 千克
在地面上的重量

0.58米

第一

1917 年，火箭专家赫尔曼·奥伯特（Hermann Oberth，1894—1989）发明了一种液体燃料火箭，将星际飞行器的概念推向新高度。

第二

美国人罗伯特·戈达德（Robert Goddard，1882—1945）设计了一种 3 米长的火箭。凭借点火的推力，火箭上升了 12 米，在 56 米外撞毁。

第三

德国物理学家韦纳·冯·布劳恩（1912—1977），为 NASA 建造了"土星"5 号运载火箭，于 1969—1972 年间陆续将人类送往月球。

技术参数

发射时间
1957年10月

轨道高度
600千米

轨道周期
97分钟

重量
83.6千克

所属国家
苏联

天线

"伴侣"号装有 4 根长度在 2.4 ~ 2.9 米的天线。

1609
伽利略
制造了首架天文望远镜，首次观测了月球上的环形山。

1798
亨利·卡文迪许
证明了万有引力定律对任何物体的普遍性。

1806
火箭
火箭的发明首要目的是军事应用。1814年首次在一次空袭中使用。

1838
距离
利用地球轨道作为参照，首次测量了到天鹅座61恒星的距离。

1926
火箭首飞
罗伯特·戈达德发射了第一枚液体燃料火箭。

"伴侣" 2 号卫星

这是苏联发射的第二颗地球轨道卫星，也是第一颗携带活的生物——小狗莱伊卡的卫星。小狗身上连着机器设备，能够记录其重要的体征信号，有空气再循环系统可以供氧。

技术参数

发射时间
1957年11月

轨道高度
1 660千米

轨道周期
133.7分钟

重量
508千克

所属国家
苏联

508 千克
在地面上的重量

4米

2米

空气动力鼻锥

鼻锥推进器

科学载荷

无线电广播发射机

隔热装置

通风机

保险环

助推器

通信天线

支撑系统

密封驾驶室

小狗莱伊卡
（Laika）

125
太空竞赛

"探险者" 1 号

1958 年，美国在卡纳维拉尔角发射了其第一颗人造卫星"探险者"1 号。卫星呈细长圆柱形，直径 15 厘米，用以测量宇宙射线和小行星。卫星共飞行 112 天，首次探测到了范·艾伦辐射带。

14 千克
在地面上的重量

0.8米

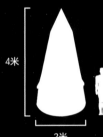

天线

微流星撞击探测器

鼻锥

远程发射机

玻璃纤维环

温度敏感器

参数表

发射时间
1958年2月

轨道高度
2 550千米

轨道周期
114.8分钟

重量
14千克

所属机构
NASA

1927
太空组织
太空旅行协会于7月5日在德国成立。

1932
冯·布劳恩
开始为德国军方研制火箭。

1947
喷气式飞机
查克·叶格试飞"X-1一号"飞机，首次突破音速限制。

1949
"大家伙"
首枚二级火箭试验，飞行高度393千米。

1957
"伴侣"号
10月4日，苏联向太空发射了第一颗人造卫星。

美国国家航空航天局（NASA）

美国国家航空航天局是美国的太空事务管理机构，成立于 1958 年，是与苏联冷战的产物之一，负责安排、协调所有与太空探索有关的事务。NASA 在美国各地设有很多基地，包括肯尼迪航天中心。

NASA 的基地

NASA 在美国各地设有很多基地，负责科学研究、飞行模拟和宇航员训练等，NASA 总部设在华盛顿特区。位于得克萨斯州休斯敦的飞行控制中心，也是深空网络（DSN）所在地之一。DSN 是一个网络组织，包括休斯敦、马德里和堪培拉三个基地，能够接收到全方位的信号，并覆盖全球百分之百的面积。

艾姆斯研究中心

成立于 1939 年，是许多任务的实验基地，拥有众多模拟实验器和先进技术。

约翰逊航天中心

即林顿·约翰逊太空中心，位于休斯敦，负责选拔、训练宇航员以及作为载人航天的研发、控制中心。

马歇尔太空飞行中心

负责设备运输、推进和作为航天飞机发射的中心。

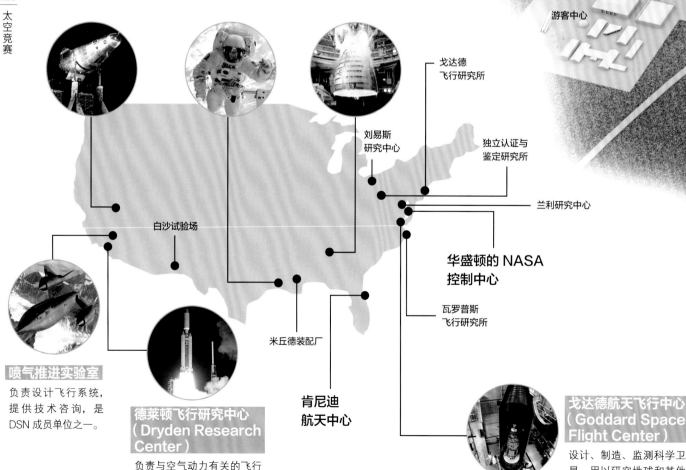

印第安河　　航天飞机着陆设施

游客中心

戈达德飞行研究所

刘易斯研究中心

独立认证与鉴定研究所

兰利研究中心

华盛顿的 NASA 控制中心

瓦罗普斯飞行研究所

白沙试验场

喷气推进实验室

负责设计飞行系统，提供技术咨询，是 DSN 成员单位之一。

德莱顿飞行研究中心（Dryden Research Center）

负责与空气动力有关的飞行试验，成立于 1947 年。

米丘德装配厂

肯尼迪航天中心

戈达德航天飞行中心（Goddard Space Flight Center）

设计、制造、监测科学卫星，用以研究地球和其他行星。

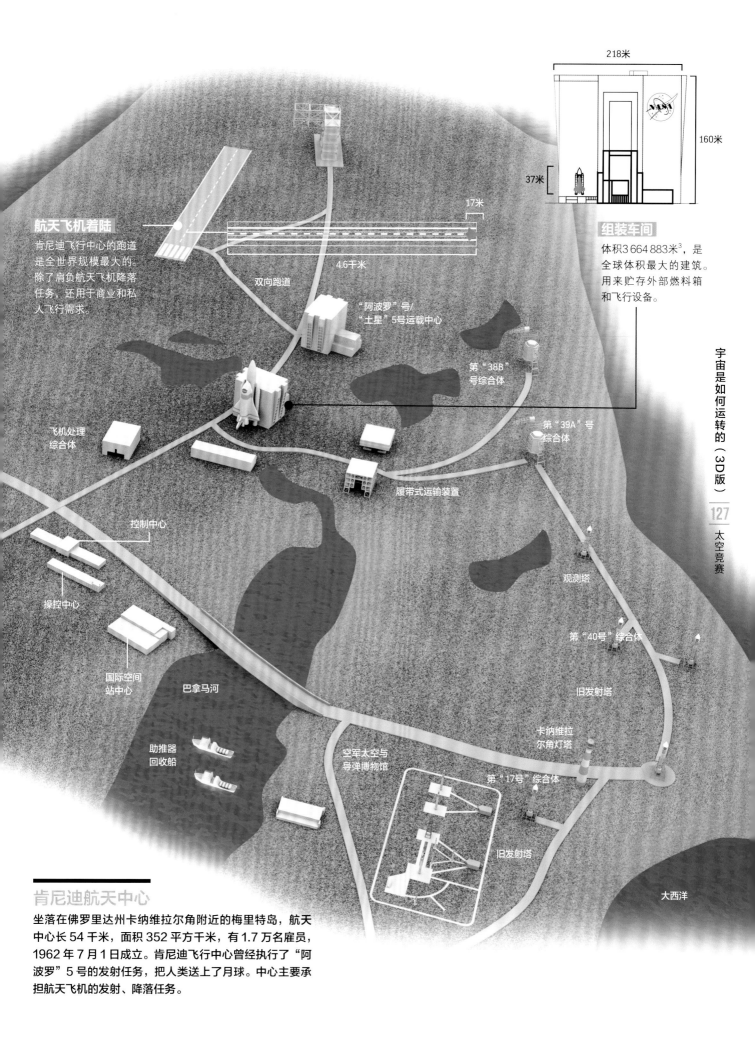

航天飞机着陆

肯尼迪飞行中心的跑道是全世界规模最大的。除了肩负航天飞机降落任务，还用于商业和私人飞行需求。

218米

160米

37米

组装车间

体积3 664 883米³，是全球体积最大的建筑。用来贮存外部燃料箱和飞行设备。

17米

4.6千米

双向跑道

"阿波罗"号/
"土星"5号运载中心

第"38B"号综合体

第"39A"号综合体

飞机处理综合体

履带式运输装置

观测塔

控制中心

第"40号"综合体

操控中心

旧发射塔

国际空间站中心

巴拿马河

卡纳维拉尔角灯塔

助推器回收船

第"17号"综合体

空军太空与导弹博物馆

旧发射塔

大西洋

肯尼迪航天中心

坐落在佛罗里达州卡纳维拉尔角附近的梅里特岛，航天中心长54千米，面积352平方千米，有1.7万名雇员，1962年7月1日成立。肯尼迪飞行中心曾经执行了"阿波罗"5号的发射任务，把人类送上了月球。中心主要承担航天飞机的发射、降落任务。

地面控制中心

控制中心时刻监控宇航员的活动。NASA 在得克萨斯州休斯敦设有约翰逊航天中心，负责协调载人航天任务。非载人航天任务由加州洛杉矶的喷气推进实验室负责。

30号楼

约翰逊航天中心的 30 号楼的任务控制中心有些与众不同，NASA 所有载人飞行任务都是在这里进行监测。大楼在 2006 年进行了改建，1 号飞行控制大厅历史上曾经作为"双子"任务和"阿波罗"任务的控制中心。现在，这里是国际空间站的监管中枢。

休斯敦约翰逊航天中心

这里已经成为著名的太空城，它始建于 1963 年，占地约 655 万平方米，位于休斯敦明湖区，由一百多座建筑组成。

操控台

控制中心装备有众多典型的操控台，包括操作桌台和显示器等。工作台面和抽屉提供了更多空间。

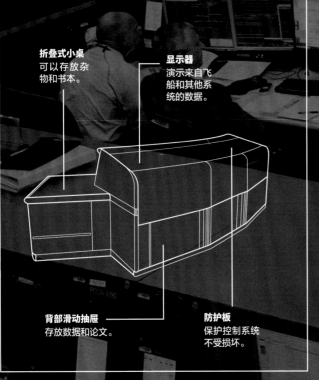

折叠式小桌
可以存放杂物和书本。

显示器
演示来自飞船和其他系统的数据。

背部滑动抽屉
存放数据和论文。

防护板
保护控制系统不受损坏。

飞行主管
负责发射前的倒计时任务和其他飞行计划。

控制台队列

NASA 控制室呈一排排分布，有不同的功能区域：联络区、能源系统区、出舱活动区等。

大屏幕

控制中心配备有几个巨大的屏幕，提供飞行期间航天器的位置、轨道信息和其他数据。主屏幕至关重要，能够让操控人员迅速读取各种信息，做出快速反应以及预防事故发生。

365天

每年、每天、每时，这里无时无刻不在执行空间飞行控制的任务。

1号屏幕

显示火箭和飞船在轨飞行的路径和位置。

2 号屏幕

记录卫星和其他物体的轨道位置。

医生台

医生会在飞行期间检查宇航员的生命体征，并在紧急时提供医疗救助。

白色、蓝色和红色房间

1998 年，NASA 扩建了 30 号楼，增加了侧翼建筑，主要是三个独立房间：白色，用于 2011 年前的航天飞机控制任务；蓝色（下图），2006 年前负责国际空间站任务；红色，飞行控制主管训练室。白色和蓝色房间如今已升级为 21 世纪控制中心。

其他空间机构

1975 年，宇宙探索活动频繁，欧洲太空局（ESA）应运而生。 这个国际组织仅次于 NASA，它拥有巨大的投资预算。俄罗斯联邦航天局发射的"和平"号空间站，已经在轨运行了 15 年，2001 年坠毁，是人类在太空生存实验的重要里程碑。其他还有加拿大宇航局（CSA）和日本航天局（JAXA）等。

欧洲的空间探索

欧洲太空局于 1975 年成立，是由欧洲空间研究组织和欧洲发射发展组织合并而成的。欧空局曾经指挥过相当重要的任务，包括"金星快车"号、"火星快车"号、"尤利西斯"号等探测器的探测任务，后者是与 NASA 合作的。

欧洲太空局

成立于
1975年

成员组织
22个

年预算
57.5亿欧元

雇员
2 200人

欧洲发射基地

纬度：北纬 5°，赤道向北 500 千米。
得益于坐落在赤道附近，在这里发射火箭很容易进入高轨道。整个地区几乎无人，也没有地震。

超过200

迄今为止，"阿丽亚娜"运载火箭已完成 200 多次发射任务。

法属圭亚那库鲁

面积	首次使用
850千米²	1968年（作为法国领地）
总造价	**雇员**
16亿欧元	600人

"阿丽亚娜"火箭家族

"阿丽亚娜"运载火箭曾经一度令欧空局成为火箭发射领域的领头羊。日本、加拿大、美国的很多制造商都会选择"阿丽亚娜"火箭。"阿丽亚娜"6 代正在研制中,将于 2021—2022 年首发。

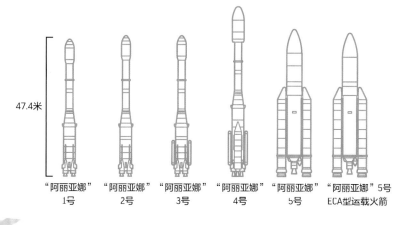

47.4米

"阿丽亚娜" 1 号 　"阿丽亚娜" 2 号 　"阿丽亚娜" 3 号 　"阿丽亚娜" 4 号 　"阿丽亚娜" 5 号 　"阿丽亚娜" 5 号 ECA型运载火箭

加拿大宇航局成立于 1990 年,此前加拿大已经开展了部分航空航天活动。加拿大的首次卫星发射是 1962 年的"百灵鸟"1 号卫星。最重要的一次是 1995 年 11 月的雷达卫星发射。这颗卫星的主要功能是提供环境数据信息,并用于制图和水文学、海洋学以及农业的研究。

俄罗斯联邦航天局

苏联解体后,俄罗斯联邦航天局成立,并继承了之前的技术和发射基地,2004 年更名。新机构负责掌管"和平"号空间站——国际空间站的前身。"和平"号是在轨道上进行组装的,各个模块于 1986—1996 年间陆续发射到太空。2001 年 3 月 23 日,"和平"号空间站受控坠毁。

POCKOCMOC

组装车间

火箭组装完毕,运往发射塔架。

运输路线

弹簧板

在以 3.5 千米 / 时的缓慢速度行驶 3 千米后,"阿丽亚娜"到达发射架,整装待发。

"和平"号空间站

曾经进驻过包括俄罗斯和美国的宇航员。

进步 -M

食物和燃料供应设备。

最后的一环

火箭直接运往整合车间,进行最后的详细检测。

太阳能电池板

为空间站提供能源。

主要模块

居住和飞船的主要控制中心。

"联盟"号火箭

隶属于俄罗斯航天局,用来发射飞船并进入预定轨道。

日本航天局

成立于 2003 年 10 月 1 日,由太空宇航科学学院（ISAS）、国家航空航天实验室（NAL）、国家空间发展局（NASDA）三个独立机构合并而成,迄今最引人注目的是 2003 年 5 月的"隼鸟"号任务。2005 年 1 月,"隼鸟"号首次成功降落在小行星丝川（Itokawa）上。虽然探测器出了一些故障,但还是在 2010 年成功返回地球,并且带回了小行星的表面样品。

苏联的任务

继成功地将小动物搭载卫星上天后，苏联和美国萌发了把人类送上太空的想法。首位进入地球轨道的宇航员是尤里·加加林（Yuri Gagarin，1934—1968），是苏联飞船"东方"1号的唯一一名乘员。加加林乘坐的密封轨道舱环绕地球运行，由"SL-3"火箭发射升空，该轨道舱具备紧急弹出逃生功能。

人在太空

在"东方"1号飞船上，宇航员实际无法操控飞船，而是由苏联工程师在地面遥控操作。"东方"1号是一个2.46吨重、内部直径2.3米的球形驾驶舱。单人驾驶舱安装在包含电机的模块上。加加林返回使用的是降落伞。

"东方"1号飞船

发射时间	**重量**
1961年4月	5吨（在地面的重量）
轨道高度	**所属国家**
315千米	苏联
轨道周期	
1小时48分钟	

5 000 千克

在地面上的重量

充气气闸舱

液氮氧气罐

4.5米

登机门

超高频天线

发动机操纵机构

反向助推器

首位宇航员

尤里·加加林，乘坐"东方"1号飞船，成为第一个进入太空的人，也使他成为民族英雄。不幸的是，他后来在一次"米格-15"试飞中牺牲。

首位女宇航员

苏联的瓦伦蒂娜·捷列什科娃（生于1937年）是首位女性宇航员。1963年，她搭乘"东方"6号进入太空。此次飞行共计71小时，绕行地球48圈。

太空行走

1965年3月，阿列克谢·列昂诺夫（Aleksei Leonov，生于1934年）进行了首次太空行走。他搭乘"上升"2号飞船执行任务。1975年，他还担任了阿波罗－联盟任务的指令长。

1957
"伴侣"2号
11月3日，苏联卫星发射，搭载着小狗莱伊卡升空。

1958
"探险者"1号
美国首颗人造卫星。

1958
NASA
美国太空机构成立。

1959
"月球"1号
苏联发射"月球"1号，进入月球6 000千米轨道。

1959
"月球"3号
"月球"3号于当年10月发射，任务期间拍摄了月球背面的照片。

1960
太空狗
贝卡（Belka）和丝翠卡（Strelka）完成了一天的太空飞行安全返回。

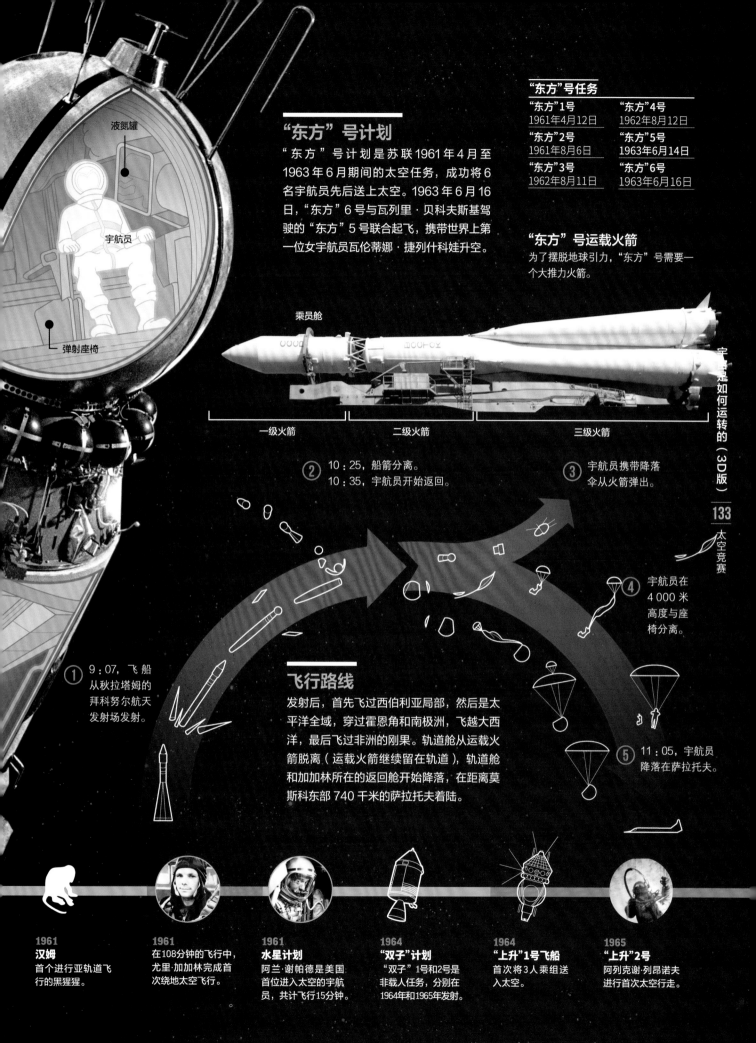

液氮罐

宇航员

弹射座椅

"东方"号计划

"东方"号计划是苏联1961年4月至1963年6月期间的太空任务，成功将6名宇航员先后送上太空。1963年6月16日，"东方"6号与瓦列里·贝科夫斯基驾驶的"东方"5号联合起飞，携带世界上第一位女宇航员瓦伦蒂娜·捷列什科娃升空。

"东方"号任务

"东方"1号 1961年4月12日	"东方"4号 1962年8月12日
"东方"2号 1961年8月6日	"东方"5号 1963年6月14日
"东方"3号 1962年8月11日	"东方"6号 1963年6月16日

"东方"号运载火箭

为了摆脱地球引力，"东方"号需要一个大推力火箭。

乘员舱

一级火箭　　二级火箭　　三级火箭

② 10：25，船箭分离。
10：35，宇航员开始返回。

③ 宇航员携带降落伞从火箭弹出。

④ 宇航员在4 000米高度与座椅分离。

① 9：07，飞船从秋拉塔姆的拜科努尔航天发射场发射。

飞行路线

发射后，首先飞过西伯利亚局部，然后是太平洋全域，穿过霍恩角和南极洲，飞越大西洋，最后飞过非洲的刚果。轨道舱从运载火箭脱离（运载火箭继续留在轨道），轨道舱和加加林所在的返回舱开始降落，在距离莫斯科东部740千米的萨拉托夫着陆。

⑤ 11：05，宇航员降落在萨拉托夫。

1961
汉姆
首个进行亚轨道飞行的黑猩猩。

1961
在108分钟的飞行中，尤里·加加林完成首次绕地太空飞行。

1961
水星计划
阿兰·谢帕德是美国首位进入太空的宇航员，共计飞行15分钟。

1964
"双子"计划
"双子"1号和2号是非载人任务，分别在1964年和1965年发射。

1964
"上升"1号飞船
首次将3人乘组送入太空。

1965
"上升"2号
阿列克谢·列昂诺夫进行首次太空行走。

美国的太空征程

1959—1963 年间，美国开展了代号"水星"的探测任务。1961 年首次载人前，NASA 曾经把 3 只猴子送到了太空。宇宙飞船被两枚火箭发射到太空中：负责亚轨道飞行的"红石"号和用于地球轨道飞行的"亚特兰蒂斯"号。"小乔"号火箭则是用来测试逃逸塔以及终止控制任务。

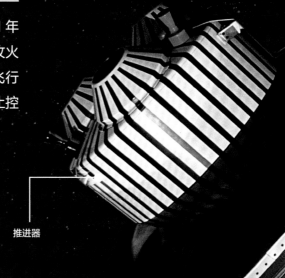

推进器

隔热装置

双层墙

宇宙是如何运转的（3D版）"水星"号飞船

134
太空竞赛

搭载的X火箭

- 逃逸塔
- 驾驶舱
- 燃料舱
- 氧化剂舱
- 发动机

"水星"计划

1957 年，苏联首颗人造卫星"伴侣"号发射，冷战背景下的美国迅速启动了自己的宇航员计划。"水星"任务的执行加快了"阿波罗"计划的启动。1961 年的"阿波罗"计划最初目标是"飞越月球"，后来在肯尼迪总统的授意下，进行了调整，即后来的"登陆月球"。

第一次测试
首次太空飞行是由动物们完成的，黑猩猩哈姆是首个"动物宇航员"。哈姆身上装满了传感器和远程控制装置，并顺利完成任务。

首飞
1961 年 5 月 5 日，艾伦·谢泼德 (Alan Shepard, 1923—1998) 搭乘"水星"号太空船，成为美国首飞太空人。之后，他成为 NASA 的重要人物，并于 1971 年参与执行了"阿波罗"14 号任务。

最后
1963 年 5 月，"水星"计划最后一次发射，戈尔登·库勃（Gordon Cooper,1927—2004）是此次任务的指令长。飞船绕地飞行 22 圈，"水星"计划谢幕。1965 年，库勃参与了"双子"任务，1970 年退休。

1935 千克
在地面上的重量

"水星"号飞船

首次发射
1960年7月29日

最大轨道高度
282千米

直径
2米

最长在轨时间
22圈

所属机构
NASA

1965
"水手"4号
完成飞掠火星探测，拍摄了首张火星照片。

1965
"双子"3号
"双子"任务的首次载人飞行。

1965
对接
"双子"6号、"双子"7号执行太空对接任务。

1966
"月球"9号
人类首次成功落月探测，向地球发回照片。

1966
"探测者"1号
6月2日，美国首次月球探测任务，传回1万多张照片。

1966
"月球"10号
4月，苏联又发射了另一颗发送无线电信号的卫星。

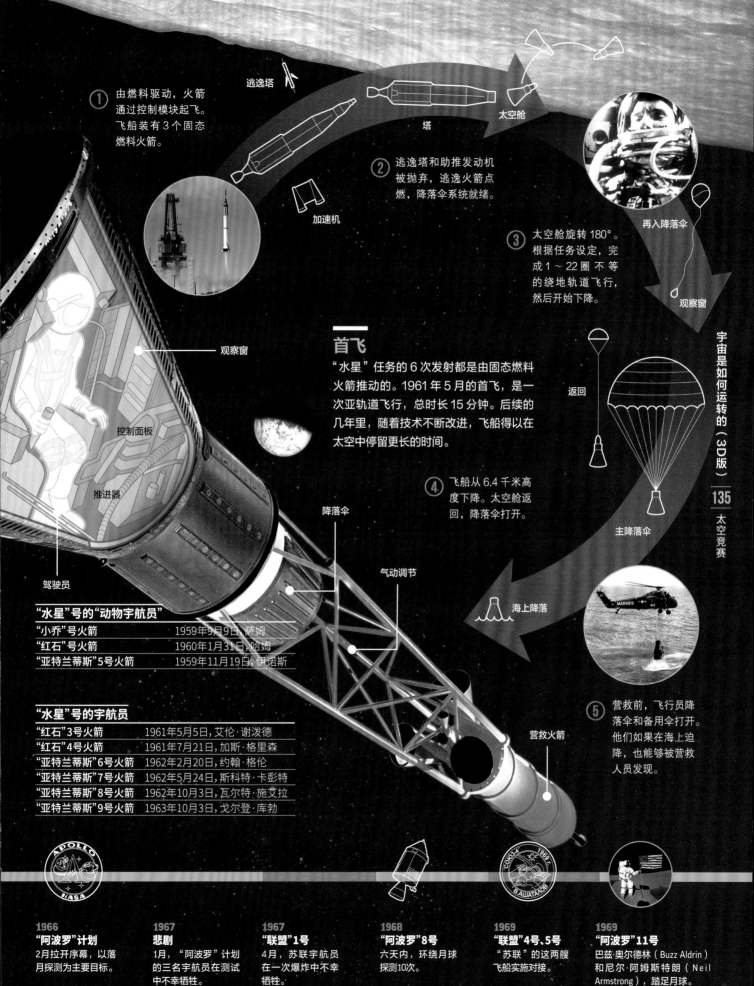

① 由燃料驱动，火箭通过控制模块起飞。飞船装有 3 个固态燃料火箭。

逃逸塔

塔

太空舱

② 逃逸塔和助推发动机被抛弃，逃逸火箭点燃，降落伞系统就绪。

加速机

再入降落伞

③ 太空舱旋转 180°。根据任务设定，完成 1 ～ 22 圈不等的绕地轨道飞行，然后开始下降。

观察窗

首飞

"水星"任务的 6 次发射都是由固态燃料火箭推动的。1961 年 5 月的首飞，是一次亚轨道飞行，总时长 15 分钟。后续的几年里，随着技术不断改进，飞船得以在太空中停留更长的时间。

观察窗

控制面板

推进器

返回

主降落伞

④ 飞船从 6.4 千米高度下降。太空舱返回，降落伞打开。

驾驶员

降落伞

气动调节

海上降落

营救火箭

⑤ 营救前，飞行员降落伞和备用伞打开。他们如果在海上迫降，也能够被营救人员发现。

"水星"号的"动物宇航员"

"小乔"号火箭	1959年9月9日，萨姆
"红石"号火箭	1960年1月31日，哈姆
"亚特兰蒂斯"5号火箭	1959年11月19日，伊诺斯

"水星"号的宇航员

"红石"3号火箭	1961年5月5日，艾伦·谢泼德
"红石"4号火箭	1961年7月21日，加斯·格里森
"亚特兰蒂斯"6号火箭	1962年2月20日，约翰·格伦
"亚特兰蒂斯"7号火箭	1962年5月24日，斯科特·卡彭特
"亚特兰蒂斯"8号火箭	1962年10月3日，瓦尔特·施艾拉
"亚特兰蒂斯"9号火箭	1963年10月3日，戈尔登·库勃

1966
"阿波罗"计划
2月拉开序幕，以落月探测为主要目标。

1967
悲剧
1月，"阿波罗"计划的三名宇航员在测试中不幸牺牲。

1967
"联盟"1号
4月，苏联宇航员在一次爆炸中不幸牺牲。

1968
"阿波罗"8号
六天内，环绕月球探测10次。

1969
"联盟"4号、5号
"苏联"的这两艘飞船实施对接。

1969
"阿波罗"11号
巴兹·奥尔德林（Buzz Aldrin）和尼尔·阿姆斯特朗（Neil Armstrong），踏足月球。

人类的一大步

肯尼迪执政期间，将太空竞赛推向顶点，也带来了最伟大的壮举：成功登陆月球。人类首次在月球漫步，任务包括飞行和着陆，共计一周时间。发射首次采用了两种推进系统：一套用于脱离地球引力，一套用于从月球起飞返回地球。

起飞

飞船搭载着"土星"5号火箭发射升空，"土星"5号也是最重的火箭，将近3 000吨。

① 在2分42秒内，火箭加速到每小时9 800千米，进入地球轨道。

发射台

一级

回转

② 火箭二级点火，飞船达到每小时2.3万千米。

三级

连接状态

轨道矫正前，轨道舱与着陆舱保持连接状态。

故障校正

模块

"猎鹰"号着陆舱

着陆舱包括两部分，一部分用来起飞，另外一部分用来降落。它与轨道舱对接，可以上升和下降。

探月之旅

整个任务历时约200小时。飞船包括两个模块：轨道舱（"哥伦比亚"号）和月球着陆舱（"猎鹰"号）。两者都由"土星"5号火箭搭载发射，直到第三阶段才释放。抵达月球轨道后，在宇航员控制下，着陆舱分离，成功在月球表面着陆。宇航员于7月24日从月球返回，在月面停留共计21小时38分钟。

"土星"5号运载火箭
"土星"5号火箭的高度与20层楼相仿。

110米

抵达月球轨道后，"猎鹰"号着陆舱分离，开始月面着陆准备。

耦合雷达天线

工作舱

驱动控制装置

退出平台

氧合器罐

实验器材

"猎鹰"号	
着陆月球时间	1969年7月20日
高度	6.5米
机舱容积	6.65米³
乘组	2人
所属机构	NASA

"哥伦比亚"号轨道舱

轨道舱分成两个模块，为两位宇航员提供了足够的空间。

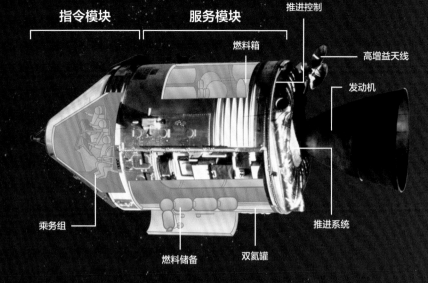

指令模块　服务模块

推进控制

燃料箱

高增益天线

发动机

机动天线

推进用氧气罐

乘务组

推进系统

燃料储备　双氦罐

甚高频天线

"哥伦比亚"号	
发射时间	1969年7月16日
高度	11米
直径	3.9米
乘组	3人
所属机构	NASA

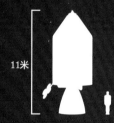

11米

"阿波罗"号乘组

乘组中的三人都曾经参加过"双子"任务，为月球登陆和月面行走打下了重要基础。阿姆斯特朗和奥尔德林是人类历史上首次踏上月球的宇航员，科林斯则在距离月球111千米的轨道舱里执行任务。

燃料箱

着陆架

尼尔·阿姆斯特朗
（1930—2012）

1966年，他参加"双子"8号任务，首飞太空，成为登月第一人。1971年，离开NASA。

迈克尔·科林斯
（Michael Collins，生于1930）

参加了"双子"10号任务，是第三个进行太空行走的宇航员。他还是"哥伦比亚"号轨道舱的指令长。

巴兹·奥尔德林
（生于1930）

参加了"双子"13号的训练任务，是第二位踏上月球的宇航员。

"猎鹰"号着陆舱

宇航员看起来似乎只有"猎鹰"号的一半这么高。

6.5米

"阿波罗"计划

"阿波罗"计划一共执行了 6 次月球着陆的任务，只有"阿波罗"13 号因为氧气罐爆炸被迫返回。这意味着月球不再是可望而不可即的天体。除了提供数据，每一次"阿波罗"任务都促进了空间科学的发展，极大地推动了对太阳系其他天体的探索进程。

"阿波罗"任务

"阿波罗"任务开始于 1961 年，是现代科学技术发展的集大成者，有 6 次发射成功抵达月球表面（11、12、14、15、16、17 号），共有 24 位宇航员抵达月球表面，12 位宇航员在月球漫步。"阿波罗"着陆舱也是首个在真空中飞行的航天器。

21 选 1
"阿波罗"号共执行 6 次月面着陆任务，运送 24 位宇航员到达月球。

336 千克

月球物质
月球岩石标本与地球的地幔部分组成相似。

25 千米

旅行
这是月球漫游车在"阿波罗"15 号、16 号、17 号任务期间的总行程。

301:51:50

持续时间
"阿波罗"17 号是执行任务时间最长的一次，超过了 301 小时。

任务终结
"阿波罗 - 联盟"号计划结束了月球太空竞赛。

月球车

宇航员用来在月球表面探测的电动交通工具。

高增益天线

电视天线

低增益天线

人工控制

电视天线

通信传输单元

数据控制台

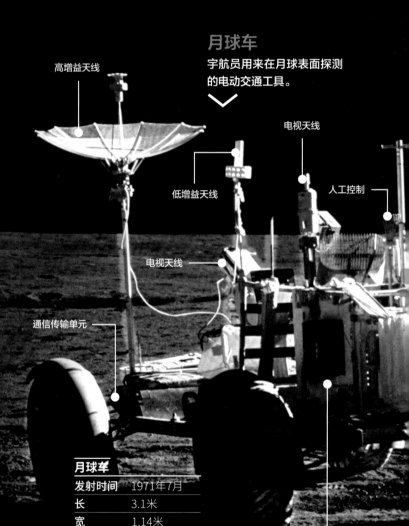

月球车	
发射时间	1971年7月
长	3.1米
宽	1.14米
时速	16千米/时
所属机构	NASA

"阿波罗"系列任务

1970
"阿波罗"13号
因为液氧罐意外损坏而提前返航。乘员包括吉姆·洛威尔（Jim Lovell）、弗莱德·海斯（Fred Haise）和杰克斯·威格特（Jack Swigert）。

1972
样品
最后一次任务中，"阿波罗"17号宇航员尤金·塞尔南（Eugene Cernan）和哈里森·施密特（Harrison Schmitt）在月球车附近漫步，并从月球带回样品。

1975
"阿波罗-联盟"号任务
"阿波罗-联盟"号飞船进行了空间对接，这是美国宇航局和苏联航天局之间的首次联合实验，也是"阿波罗"的最后一次任务。

月球轨道舱

"月球勘探者"号于1998年发射，在轨运行19个月，以5 500千米/时的速度在100千米的高空环绕月球运行，每两小时绕月一周。其主要目标是绘制月面图，识别以冰的形式存在的水，测量月球磁场和重力场。

"月球勘探者"号

呈圆柱形，表面布满数千个光伏电池板。

天线
用来与地球沟通联络。

伽马射线谱仪
用来探测钾、氧、铀、铝、硅、钙、镁和钛元素。

推进器

太阳能电池板

磁力计（Magnetometer）
用以发现飞船附近的磁场。

阿尔法粒子谱仪
探测放射性气体发射的粒子。

中子谱仪
探测月球表面的中子。

"月球勘探者"号	
发射	1998年1月
抵达月球时长	105小时
重量	295千克
造价	6 300万美元
所属机构	NASA

"阿波罗"计划终结

在6次成功登陆月球之后，"阿波罗"任务终结了。因为预算超额，"阿波罗"18、19、20号被迫取消。"阿波罗"系列任务让美国最终成为太空竞赛的胜利者。

样品采集袋

209 千克
地球上的重量

35 千克
月球上的重量

吉姆·洛威尔
（1928年出生）

"阿波罗"13号的飞行员，这次任务因为飞船液氧罐意外损坏而取消。洛威尔还是"双子"4号的紧急飞行员，"双子"7号和12号的飞行员。

哈里森·施密特
（1935年出生）

美国地理学家，搭乘最后一次"阿波罗"17号执行任务，也是第一位进行月球行走的地理学家。

阿列克谢·列昂诺夫
（1934年出生）

苏联宇航员，执行过"阿波罗-联盟"号对接试验，在轨工作7天。在"上升"2号任务中，成为首位太空行走的宇航员。

后"阿波罗"时代
的月球探测

1994
"克莱芒蒂娜"号

"克莱芒蒂娜"号飞船进行绕月飞行，绘制月表地图。同时，把无线电信号传送到南极附近的阴暗的环形山中。

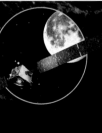

2003
"斯玛特"1号月球探测器

欧空局发射了第一颗月球无人探测器"斯玛特"1号，其目标是探测月球未知区域，检测新技术。

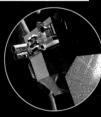

2009
月球勘测轨道飞行器（LRO）

NASA发射了月球勘测轨道飞行器，目标是探测月球两极区域是否存在着冰。

宇宙的回声

得益于 2001 年 NASA 发射的威尔金森微波各向异性探测器（WMAP），
科学家们首次绘制出了宇宙微波背景辐射详细图。宇宙微波背景被认为是大
爆炸的产物，为第一代恒星产生的原理提供了很多线索。

威尔金森微波各向异性探测器 WMAP

探测器在两年时间里，每 6 个月完
成一次全天域巡天过程。之后，比
较所得数据确保一致性。

840 千克
探测器在地球上的重量

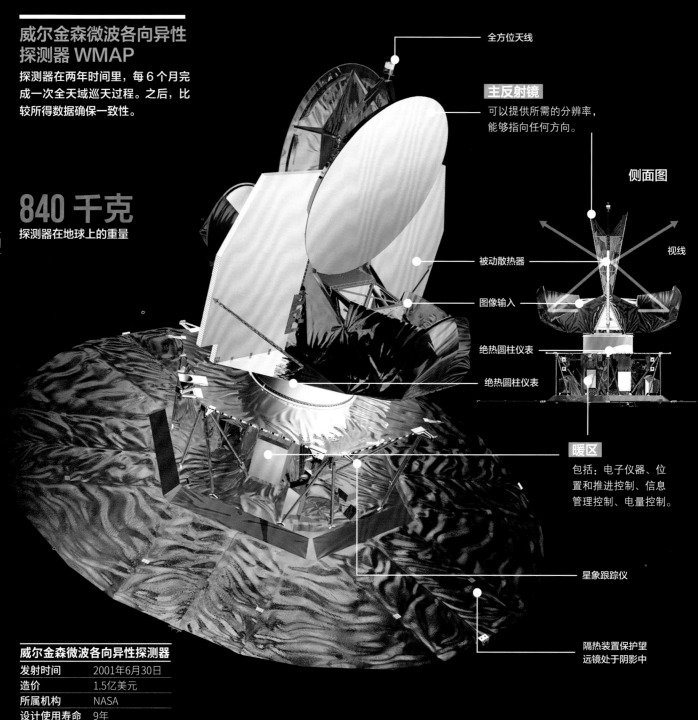

全方位天线

主反射镜
可以提供所需的分辨率，
能够指向任何方向。

侧面图

视线

被动散热器

图像输入

绝热圆柱仪表

绝热圆柱仪表

暖区
包括：电子仪器、位
置和推进控制、信息
管理控制、电量控制。

星象跟踪仪

隔热装置保护望
远镜处于阴影中

威尔金森微波各向异性探测器	
发射时间	2001年6月30日
造价	1.5亿美元
所属机构	NASA
设计使用寿命	9年

观测

为了能够进行全天域探测，科学家将探测器放置在拉格朗日 L2 点，距离地球 150 万千米的太空。L2 点能够提供一个稳定的环境，可以不受太阳的影响。WMAP 旨在观测不同阶段的天空，测量宇宙不同区域的不同温度。每六个月完成一次巡天。

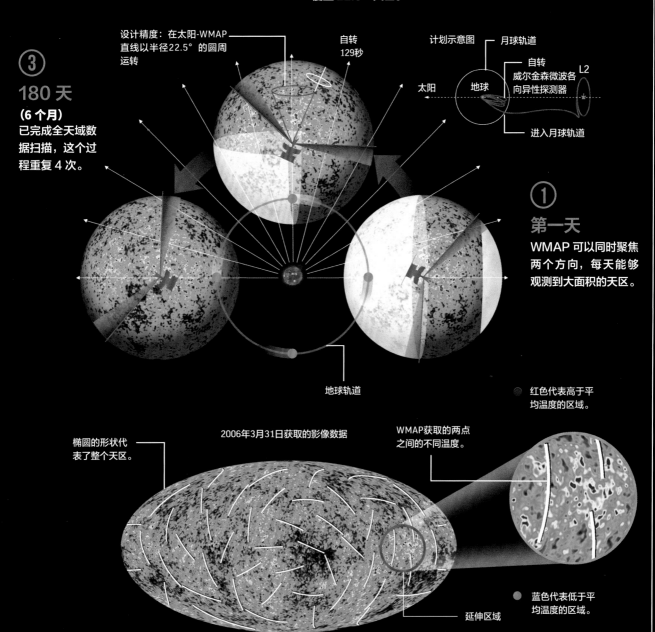

②
90 天
（3 个月）
探测器已完成全天域一半的扫描任务，每小时可以覆盖 22.5° 天区。

WMAP 轨道路径
在抵达 L2 点之前，WMAP 首先飞掠月球，并借助月球引力助飞到 L2 点。

设计精度：在太阳-WMAP 直线以半径22.5°的圆周运转

自转 129秒

计划示意图　月球轨道

太阳　自转　威尔金森微波各向异性探测器　L2

地球

进入月球轨道

③
180 天
（6 个月）
已完成全天域数据扫描，这个过程重复 4 次。

①
第一天
WMAP 可以同时聚焦两个方向，每天能够观测到大面积的天区。

地球轨道

红色代表高于平均温度的区域。

椭圆的形状代表了整个天区。

2006年3月31日获取的影像数据

WMAP获取的两点之间的不同温度。

延伸区域

蓝色代表低于平均温度的区域。

宇宙微波背景图

图上不同颜色表示宇宙微波背景的不同温度。直到 40 多年前才发现这是大爆炸时代遗留的辐射，现在才能描绘其详细信息了。

先行者：宇宙背景探测器

宇宙背景探测器（COBE），于 1989 年发射，强有力地促进了 WMAP 的实施。因为 COBE 的分辨率非常低，所以绘制图上的点更大。

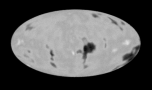

在太空工作

NASA 宇航员唐纳德 · R. 佩蒂特正在执行国际空间站的一次舱外任务。

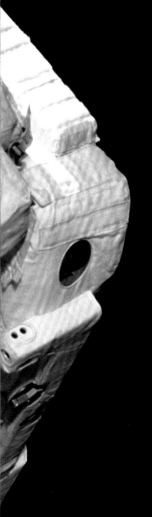

CHAPTER 6

太空探索

人类一直对宇宙的起源和结构有着深深的好奇，不断发射越来越复杂的太空飞船进行探索，包括配备太空探测器和望远镜在内的无人侦察飞船等，此外，还有长期驻留宇航员的空间站。

令人好奇的 星球

过去 50 多年里，人类已经向太阳系所有的行星都发射过探测器，包括最远的天王星和海王星。

在某些任务中，探测器只是对行星进行飞掠，甚至都无法把数据传送回地球。而有些任务则是把探测器送入行星轨道，绕转飞行。还有一些任务，可以让探测器降落在包括金星、火星、泰坦（土星的卫星）的表面。1969 年，人类成功登陆月球。如今，人类前往火星已指日可待。

无人驾驶飞船

所有的行星探测任务都配备了无人飞船。只要条件允许，它们将充分利用各个行星引力场借力助飞，最大程度地降低燃料配备。

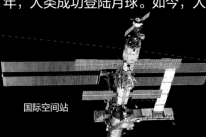

国际空间站

地球

很多人造卫星以及载人飞行任务都会环绕地球轨道飞行。一直在轨运行的国际空间站，常年驻有宇航员。

航天飞机

水星

1974—1975 年，"水手"10 号探测器对水星进行了 3 次飞掠探测，最近的时候距离水星表面 327 千米。"水手"10 号探测了水星表面 45% 的区域，开展了几项科学测量。2008 年和 2009 年两次飞掠之后，探测器在 2011 年进入水星轨道，并开始在轨环绕飞行。

月球

"阿波罗"系列任务（1969—1971）成功地将 12 名宇航员送往月球表面，也是唯一一次实现人类脱离地球轨道并进入太空的探测任务。如今，美国、欧洲、日本、俄罗斯和中国都准备再次开展载人登月。

金星

金星是除月球之外人类经常探测的行星，在 20 世纪 70—80 年代，人类成功进行了几次飞掠和降落探测任务。在"织女星"号、"金星"号、"水手"号、"麦哲伦"号任务期间，都对金星表面进行了绘制、挖掘和大气分析。2005—2014 年，"金星快车"号进行了在轨飞行探测。

与太阳的距离	水星	金星	地球	火星
	5 790 万千米	1.08亿千米	1.5亿千米	2.279亿千米

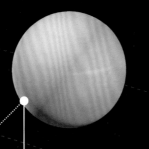

木星

1973 年，人类派遣"先锋"10 号访问了太阳系最大的行星——木星。之后，相继有 7 架探测器（"先驱者"11号，"旅行者"1 号、2 号，"尤利西斯"号，"卡西尼"号，"伽利略"号和"新视野"号）飞掠木星。其中，"伽利略"号在 1995—2003 年进行了为期 8 年的对木星及其卫星的研究，传回了大量图像和数据，这有无法估量的科学价值。

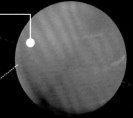

海王星

这颗位于太阳系最远端的巨大蓝色行星，在 1989 年迎来了人类使者："旅行者"2 号。

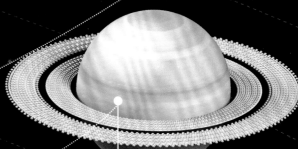

天王星

1986 年，"旅行者"2号抵达天王星附近，发回数张照片。这是唯一的一次天王星探测任务。

7 年

"卡西尼"号探测器从地球发射，太空旅行 7 年后抵达木星，而"伽利略"号只用了 6 年的时间。

土星

迄今为止，只有 4 次任务成功抵达了土星。前 3 次分别是"先驱者"11 号（1979 年）、"旅行者"1号（1980 年）和"旅行者"2 号（1981 年），在距离土星表面 3.4 万 ~3.5 万千米处飞掠探测。2004 年，"卡西尼"号进入土星轨道，发回了包括土星环在内的大量惊人的照片。"卡西尼"任务还包括"惠更斯"号探测器（Huygens probe），它成功降落在了土星最神秘的卫星——泰坦上。

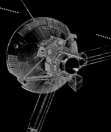

太阳系之外

离开海王星之后，"先驱者"10 号、11 号以及"旅行者"1号、2 号，继续飞往太阳系边缘地带。

"先驱者" 10 号、11 号

两个探测器分别于 1972 年、1973 年造访木星和土星，但人们分别于 1997 年、1995年失去了与探测器的联系。探测器还携带了刻有地球与人类信息的牌子，或许有朝一日能被地外智慧生命接收到。

"旅行者" 1 号、2 号

1977 年发射，携带了刻有音乐、多种语言的问候、地球的声音和照片以及科学成就的金唱片。探测器飞过了木星、土星、天王星、海王星，飞向了更远的宇宙深处，至今仍保持着与地球的联络。

爱神星

2000 年，探测器进入 433 号小行星——爱神星的轨道。

火星

1965 年，"水手"4 号拍摄了首批 22 张火星近景照片。此后，火星迎来了数个轨道探测器和着陆器。其中，值得一提的包括 1976 年的"海盗"号，1997 年的"先驱者"号，2004年的"火星探险漫游者"和2011 年的"火星科学实验室"。

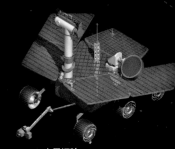

火星探险
漫游者
（2004）

木星	土星	天王星	海王星
7.78亿千米	14.27亿千米	28.7亿千米	45亿千米

出发点

为了提高效率，火箭发射基地一般设在地球赤道附近。因为靠近海边，火箭发射材料运输会更方便。同时，低密度人口也会降低发射事故的影响。美国的卡纳维拉尔角发射基地就属于这种情况。

旋转维修结构

高 57.6 米，以半圆形轨迹围绕飞船运行。

地面平台

这个钢铁巨人就是火箭起飞的地方，由固定和旋转结构组成。探测器通过履带传送装置从组装车间转运到发射平台。

组装车间

履带传送装置

发射平台

组装车间

发射中心建有多座巨大的建筑物，工程师在里面准备、组装火箭助推器和飞船燃料罐。这些工作间的块头非常惊人：160 米高，218 米长，118 米宽。

升降间

宇航员在这里开始隔离。从这里进入白色房间，最后进入飞船。

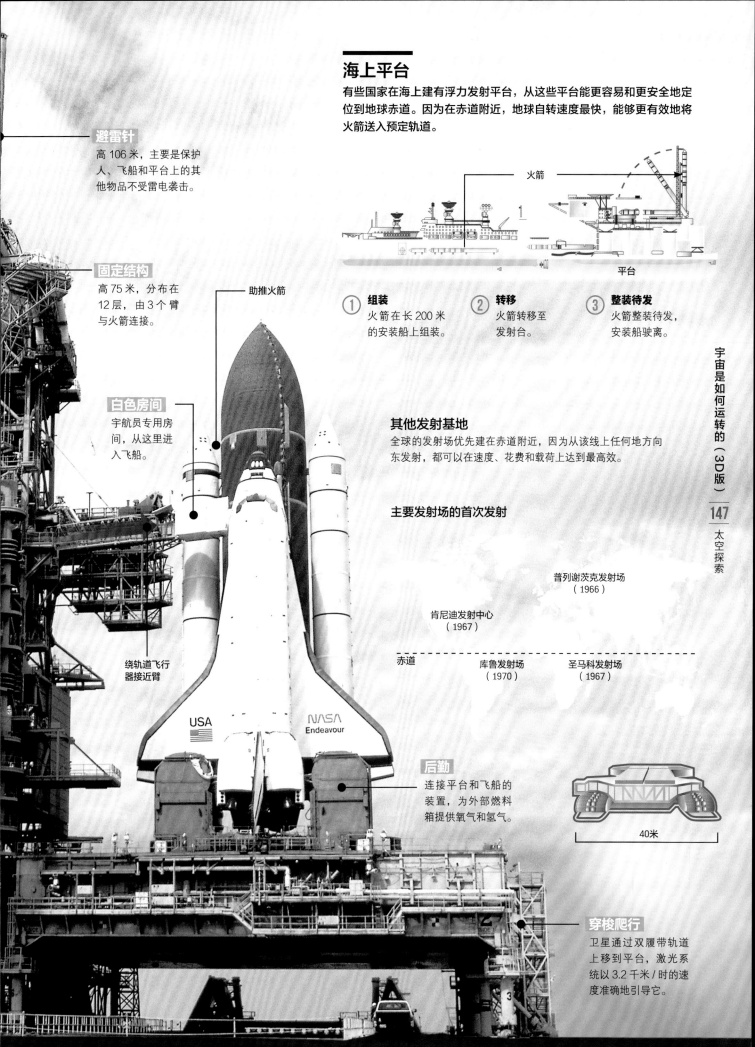

海上平台

有些国家在海上建有浮力发射平台，从这些平台能更容易和更安全地定位到地球赤道。因为在赤道附近，地球自转速度最快，能够更有效地将火箭送入预定轨道。

火箭

平台

① **组装**
火箭在长 200 米的安装船上组装。

② **转移**
火箭转移至发射台。

③ **整装待发**
火箭整装待发，安装船驶离。

避雷针
高 106 米，主要是保护人、飞船和平台上的其他物品不受雷电袭击。

固定结构
高 75 米，分布在 12 层，由 3 个臂与火箭连接。

助推火箭

白色房间
宇航员专用房间，从这里进入飞船。

绕轨道飞行器接近臂

其他发射基地
全球的发射场优先建在赤道附近，因为从该线上任何地方向东发射，都可以在速度、花费和载荷上达到最高效。

主要发射场的首次发射

普列谢茨克发射场
（1966）

肯尼迪发射中心
（1967）

赤道

库鲁发射场
（1970）

圣马科发射场
（1967）

USA

NASA
Endeavour

后勤
连接平台和飞船的装置，为外部燃料箱提供氧气和氢气。

40米

穿梭爬行
卫星通过双履带轨道上移到平台，激光系统以 3.2 千米/时的速度准确地引导它。

火箭系统

20 世纪上半叶火箭发明后，立即成为进入太空的必需装备。火箭能够产生足够的推力，搭载着载荷，在很短的时间内加速，摆脱地球引力，将飞船送入预定轨道。如今，几乎每周都会有火箭从地球某个发射场发射进入太空。

"阿丽亚娜"5号火箭

成功首发时间
1997年10月30日

直径
5米

总高度
51米

助推能力
227吨

造价
7亿欧元

最大载荷
6 200千克

所属机构
欧空局

太空飞行

无论是将卫星送入轨道，向其他行星发射探测器，还是宇航员进入太空，都似乎成了家常便饭，对于有发射能力的国家而言，也是一项大生意。

71米

51米

"阿丽亚娜"5号

17米

波音飞机

太空飞船

40 000 千米 / 时

起飞速度

746 000 千克

在地球上的重量

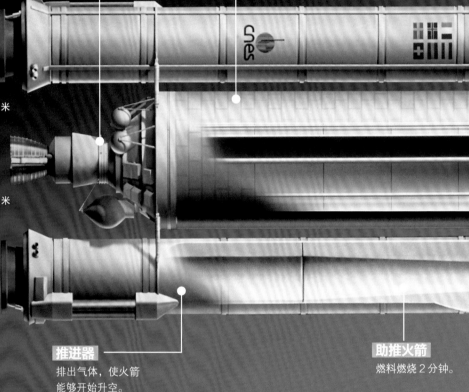

主发动机

工作 10 分钟。

隔热装置

为了避免燃烧室遭受燃料燃烧的高温影响，隔热装置上喷洒了火箭燃料，这个过程旨在冷却发动机。

推进器

排出气体，使火箭能够开始升空。

助推火箭

燃料燃烧 2 分钟。

发动机运行

起飞前，燃料箱点火启动。主发动机启动，正常后推进器打开。火箭发射，2分钟后推进器燃料耗尽，脱落。发动机持续工作几分钟，关闭。一个小发动机把卫星送入轨道。

发动机

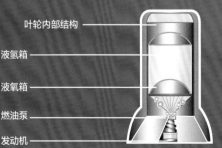

叶轮内部结构

液氢箱

液氧箱

燃油泵

发动机

元件部分

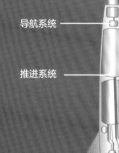

着陆系统

导航系统

推进系统

燃料火箭
在液体燃料火箭中，液态氢气和氧气是分开存放的；而在固体燃料火箭中，二者混合放置在一个燃料罐里。

释放气体 ......➤

液体燃料　　**固体燃料**　　**混合动力**

隔热装置
为了避免火箭内部遭受高温影响，火箭外部都涂有特种涂料，用来隔热。

外部涂层
推进剂
隔热

液氢箱
容量 225 吨。

液氧箱
容量 130 吨。

顶部载荷
搭载两颗卫星。

上端发动机
以精确的角度和速度释放卫星。

低部载荷
搭载两颗卫星。

锥形鼻锥
保护载荷。

如何工作
火箭的重要功能就是战胜地球引力。点火升空时，燃料点燃带来的强大推力会克服地球的引力。随着火箭越升越高，距离地球越来越远，地球引力也越来越小。

推进式火箭
如今应用广泛的是化学燃料火箭，由燃料燃烧驱动。核燃料型火箭则是由裂变或聚变驱动的。离子马达则是通过剥离电子对原子进行充电。

电子
核反应

水或液氢

燃料

推力和反推力
火箭的推力是由于火箭排出热气冲向地面而产生的反作用力。

火箭助推力
地球重力

助推 ......➤

原子　　　　**核燃料**　　　**化学燃料**

发射节点

虽然距离第一次飞向太空只有 50 年的时间，但如今火箭发射似乎已成为家常便饭。尽管在 20 世纪下半叶，计算机、发动机和制导系统取得了相当大的进展，但火箭发射的基础几乎没有改变过。这可能是太空火箭——这些拥有巨大能量的庞大机器最令人惊艳之处。

发射流程

"阿丽亚娜" V 形火箭（Ariane V rocket）发射通常会持续 6 小时。倒计时最后，火箭首先启动主液体燃料箱。7 秒后，两个固体燃料推进器点燃。如果助推器点燃前发生任何问题，则可以通过关闭主启动装置取消发射。

06:00:00
启动发射程序

04:30:00
加注燃料箱

01:00:00
机械增固

00:06:30
同步序列开启

00:00:00
主液体燃料发动机点火

如何定位

火箭导航系统利用激光陀螺控制喷嘴倾角，修正角度，保证火箭沿着既定路线飞行。

激光陀螺

电子信号

计算机

万向接头

喷嘴倾角

① **第一阶段**
固体燃料助推器启动。0.3 秒后火箭起飞。

② **分离**
在 60 000 米高空，固体燃料助推器分离，坠入安全区海域内。

整流罩
空气稀薄后分离，保证载荷安全。

固体燃料助推器
提供发射 "阿丽亚娜" V 型火箭 90% 的初始燃料。助推火箭高 31 米，可提供 238 000 千克燃料。

爆炸螺栓
助推器分离，一、二级火箭分离。

110.6 米

"土星"5 号是迄今为止最高、最大型的火箭，它将人类送上了月球。

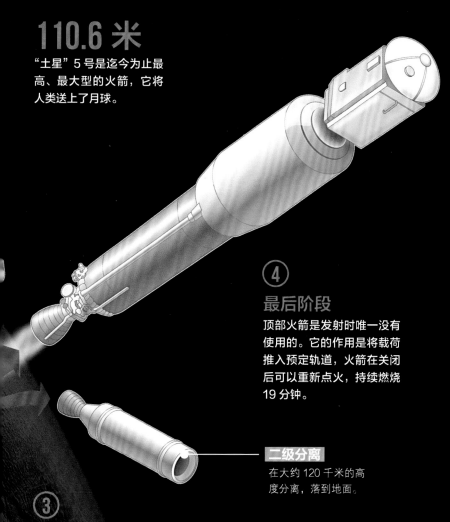

分离步骤

"阿丽亚娜"V 形火箭包括三级。在发射平台上，前两级点火。在上升过程中，各级燃料依次消耗完毕后，通过一、二级火箭放置的一系列爆炸装置先后与飞船分离。三级阶段，控制元件和载荷将被送入预定轨道。

④ 最后阶段

顶部火箭是发射时唯一没有使用的。它的作用是将载荷推入预定轨道，火箭在关闭后可以重新点火，持续燃烧19 分钟。

二级分离

在大约 120 千米的高度分离，落到地面。

③ 一级火箭

倒计时结束，一级火箭点火分离并返回地球。携带的液氢、液氧燃料用尽。

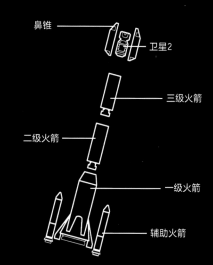

- 鼻锥
- 卫星2
- 三级火箭
- 二级火箭
- 一级火箭
- 辅助火箭

分级火箭

一般火箭都包括两个固体推进剂火箭发动机。启动时需要燃料储存和燃料升降机。

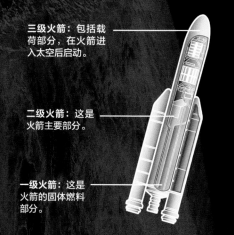

- **三级火箭：**包括载荷部分，在火箭进入太空后启动。
- **二级火箭：**这是火箭主要部分。
- **一级火箭：**这是火箭的固体燃料部分。

发射窗口

火箭必须在预定时间段发射，这取决于发射目标。如果目标是放置卫星进入地球轨道，那么火箭发射的纬度需要与目标轨道保持一致。如果发射任务涉及与空间中的另一个物体对接时，发射窗口可能在几分钟之内就会关闭。

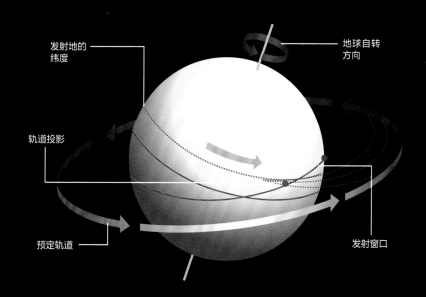

- 发射地的纬度
- 地球自转方向
- 轨道投影
- 预定轨道
- 发射窗口

航天飞机

与传统火箭不同，航天飞机可以反复使用，能将不同卫星送入轨道。到 2011 年前，航天飞机一直用来发射、维修卫星以及天文实验室。美国历史上曾经拥有过 5 架航天飞机："挑战者"号、"哥伦比亚"号（分别于 1986 年和 2003 年发生事故）、"发现"号、"亚特兰蒂斯"号和"奋进"号。2011 年，"发现"号、"亚特兰蒂斯"号和"奋进"号退役，航天飞机时代也随之结束。

重复使用

航天飞机是第一个能够独自返回地球的航天器，曾在多个任务中使用。在建设国际空间站期间，它们发挥了关键作用。

卫星

搭载在货舱中，可以通过机械臂移动。

机械臂

移动卫星进出货舱模块。

驾驶舱

分成两层，上部空间是驾驶员和副驾驶员（最多容纳两人），下部空间是每天工作的地方。机舱的容积是 70 立方米。

控制室

这里有超过 2 000 个独立的控件。

控制面板

驾驶员座位

副驾驶座位

指令舱

① 轨道舱

轨道舱搭载着宇航员乘组和载荷（通常是卫星）。

Discovery

隔热瓦

保护航天飞机免受高温影响。

玻璃涂层

胶水过滤器

绒毛保护层

硅陶瓷片

② 外挂燃料箱

可以将航天飞机连接到发射火箭，携带大量的液氧和液氢，通过连接每个容器和下一个容器的管子燃烧。燃料箱在每次任务后废弃。

液氧

液氢

③ 主发动机

包括三个发动机，外部燃料箱供应液氧、液氢。每台发动机都有一个基于数字计算机的控制器，对推力进行调整并修正燃料混合物。

液氢循环

隔热装置

轨道马达

为火箭提供进入轨道的推力，在必要时进行轨道调整。轨道马达安装在火箭外部。

尾翼

在下降过程中使用垂直翼来稳定和控制。

三角翼

航天飞机有时不得不在没有燃料的情况下滑翔，它的翅膀类似于纸飞机。

④ 固体燃料火箭

点火装置

设计使用飞行 20 次，每次飞行完毕，从海上进行回收并修复，能够将飞船送往 44 千米的高度，能支撑航天飞机的全部重量。

固体燃料

推进器口

门

当设备到达近地轨道时，门会打开。这些门都是隔热装置，可以防止航天器过热。

热防护

当航天飞机重新进入地球大气层时，摩擦将表面加热到 300 ～ 1500 ℃。为了防止熔化，飞船周身必须装有保护层。

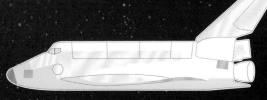

温度低于370 ℃

金属或玻璃：无隔热保护

硅陶瓷：370～648 ℃

部分区域的碳高于1 260 ℃。

硅：648～1 260 ℃

职业：宇航员

执行太空任务之前，候选宇航员必须经过严格测试，以适应微妙而危险的太空。他们需要深入研究数学、气象、天文、物理，熟悉计算机和空间导航，还要加强体育锻炼，这有利于他们在低轨道重力环境下仍然能够进行维修工作。

模拟训练模块

宇航员训练是困难而艰辛的。每天都会有飞行模拟器和专用计算机模拟设备的训练内容。

飞行模拟器

控制器

氧气储备

生活保障系统

支撑背包

宇航员

电脑

口袋通信设备。

帽舌

数码相机

图像控制器

摄像机

彩色电视设备。

氧气

通过这一部分进入宇航服。

冷冻剂

提供热层以及陨石撞击的保护。

1965
宇航员爱德华·怀特（Edward White）身穿宇航服在"双子"飞船附近进行太空行走。

1969
在月球表面进行历史性的第一次太空行走时，尼尔·阿姆斯特朗穿的是这套宇航服。

1984
布鲁斯·麦克坎德雷斯（Bruce McCandless）穿着宇航服进行了人类历史上第一次没有系绳子的太空行走。

1994
航天飞机宇航员有更现代化、可重复使用的套装。

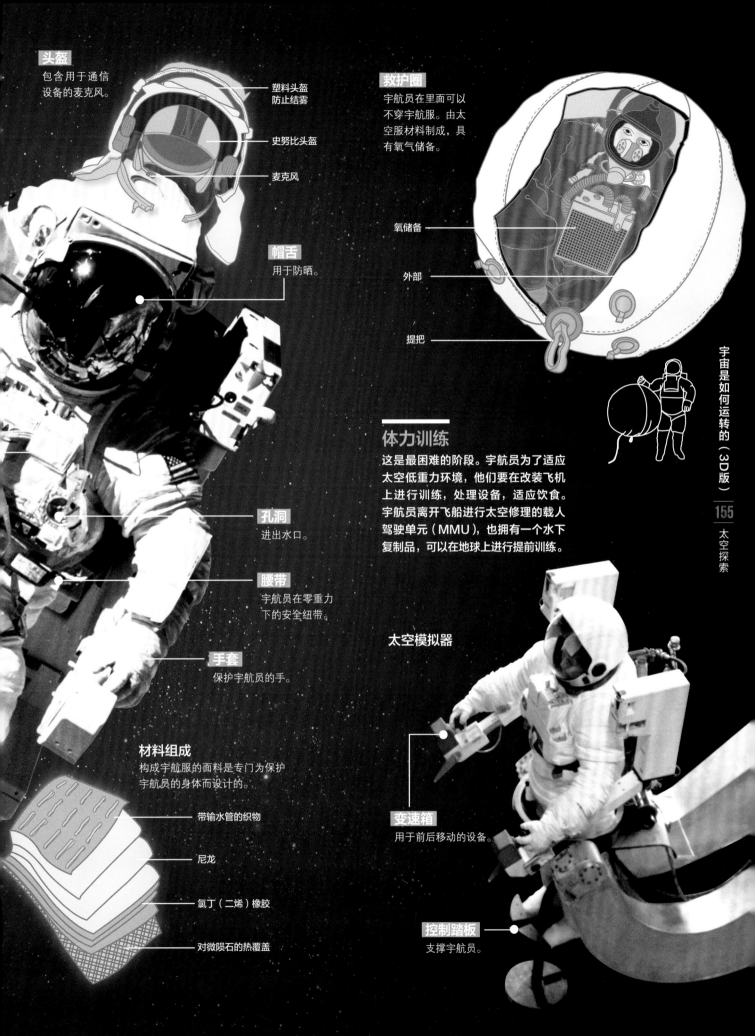

头盔
包含用于通信设备的麦克风。

塑料头盔防止结雾

史努比头盔

麦克风

救护圈
宇航员在里面可以不穿宇航服。由太空服材料制成，具有氧气储备。

氧储备

外部

提把

帽舌
用于防晒。

体力训练

这是最困难的阶段。宇航员为了适应太空低重力环境，他们要在改装飞机上进行训练，处理设备，适应饮食。宇航员离开飞船进行太空修理的载人驾驶单元（MMU），也拥有一个水下复制品，可以在地球上进行提前训练。

孔洞
进出水口。

腰带
宇航员在零重力下的安全纽带。

太空模拟器

手套
保护宇航员的手。

材料组成
构成宇航服的面料是专门为保护宇航员的身体而设计的。

带输水管的织物

尼龙

氯丁（二烯）橡胶

对微陨石的热覆盖

变速箱
用于前后移动的设备。

控制踏板
支撑宇航员。

远离家乡

离开地球前往空间站或是飞船，意味着宇航员要适应各种环境：没有水，没有气压，稀薄的氧气。所有东西都是空间站提供的：水是由氧和氢电解而成的，盐是液体的，废弃物要压制成粉状的。

起居区

生活模块位于飞船的顶端。上层设有驾驶舱，下层是睡觉、生活区和舱门。

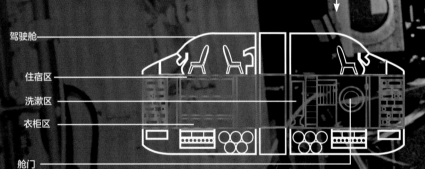

驾驶舱

住宿区

洗漱区

衣柜区

舱门

物理效应

在太空生活，会对身体造成不同程度的损伤。通常，生活在狭窄的空间还会造成一定的心理伤害。而且，来自太阳的辐射可能会给宇航员的身体造成严重的危害。

患病的骨头

健康的骨头

太空家园

国际空间站就像是宇航员在太空的一个家，他们会在那里待几周甚至几个月的时间。这是空间站模块的原型。

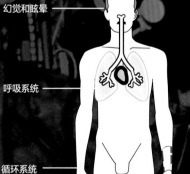

幻觉和眩晕

呼吸系统

循环系统

肌肉系统

骨钙丢失

在微重力（Microgravity）环境下，骨组织不是再生的而是被吸收的。消失的部分可能以过量钙的形式出现在身体其他部位。

90 分钟

在轨道上转一圈的时间。

睡袋

① 睡觉

每天一次
在空间站，太阳每隔 1.5 小时会"升起"一次。而宇航员的生活是按照在地球的作息规律进行的，每天睡 8 小时，在"地球日"结束时入睡。不过睡觉时，他们必须要系上绑带，以免睡着后飘走。

② 清洁

宇航员都穿着同样的服装，洗澡后他们会更换，因为在太空中无法洗衣服。卫生间使用的是吸气系统，不能使用水。

③ 饮食

每日三餐
每天，宇航员会有早、中、晚三餐。吃饭时，他们必须非常谨慎地将食物放入嘴里，而且还要喝大量的水，以防脱水。

④ 工作

每天8小时
宇航员在周六工作 4 小时，周日休息。一周有一个正常的工作日，通常是系统维护和开展科学实验。

⑤ 锻炼

每天2小时
为了保持身体健康，宇航员每天必须进行体育锻炼。失重环境会导致肌肉损失，运动有助于保持肌肉张力。

肌肉强化器材

工作时穿的
太空服

72 种

食物

20 种

饮料

空间站

生活在空间站上可以长时间研究驻留在太空的各种影响，同时为科学家提供了进行实验的环境。空间站配备了为宇航员提供氧气和过滤呼出二氧化碳的系统。

国际空间站

国际空间站（ISS）是由美国国家航空航天局的"自由"计划与俄罗斯联邦航天局运营的"MIR-2"合并而成的。ISS 始建于 1998 年，利用全球各国提供的不同模块继续扩建，其内的居住面积相当于一架波音 747。

450 吨

空间站在地球上的近似重量

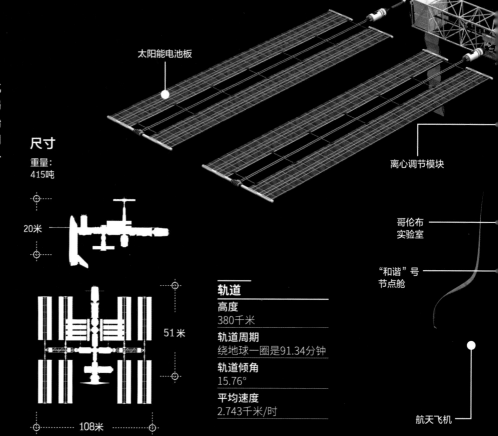

太阳能电池板

离心调节模块

哥伦布
实验室

"和谐"号
节点舱

航天飞机

尺寸

重量：
415吨

20米

51米

108米

轨道

轨道	
高度	
380千米	
轨道周期	
绕地球一圈是91.34分钟	
轨道倾角	
15.76°	
平均速度	
2.743千米/时	

轨道

空间站每天绕行地球 16 圈，高度在 335~460 千米之间。

建设阶段

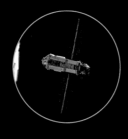

1998
"曙光"号功能货舱
这是第一个入轨的模块，在 ISS 第一组装阶段提供能量。12月，"团结"号节点舱将生活和工作区连接起来。此项工作由欧盟承建。

2000 年 7 月
"星辰"号服务舱
ISS 结构和功能中心。由俄罗斯建造并且送入轨道。11月，结构模块 P6 构架装配了散热器，为空间站散热。

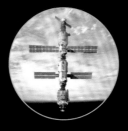

2001 年 2 月
"命运"号实验舱
可容纳 24 个设备机架，是微重力环境下进行科学实验的地方。2002 年 11 月，P1 桁架作为组合桁架的一部分，安装在 S1 架对面。桁架散热器板可以保护 ISS 免受极端温度的侵袭。

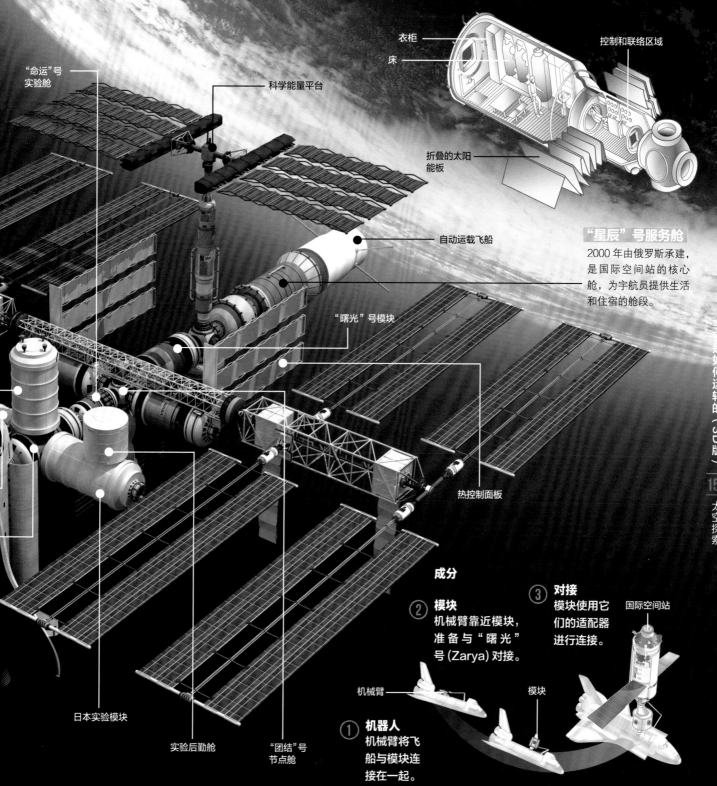

"命运"号
实验舱

衣柜

床

控制和联络区域

科学能量平台

折叠的太阳
能板

自动运载飞船

"星辰"号服务舱

2000 年由俄罗斯承建，
是国际空间站的核心
舱，为宇航员提供生活
和住宿的舱段。

"曙光"号模块

热控制面板

成分

② **模块**
机械臂靠近模块，
准备与"曙光"
号（Zarya）对接。

③ **对接**
模块使用它
们的适配器
进行连接。

国际空间站

机械臂

模块

① **机器人**
机械臂将飞
船与模块连
接在一起。

日本实验模块

实验后勤舱

"团结"号
节点舱

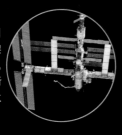

2006 年 9 月
P3/P4桁架和太阳能电池阵列
增加了第二和第三端口桁架
部分，其太阳能电池板展开。
2007 年 6 月，第二、第三桁
架（S3 / S4）送达空间站，太
阳能电池板打开。

2010 年 2 月
"宁静"号节点舱
"宁静"号是一个加压模块，
支持许多空间站的重要系统。
其中一个通用装置连接了穹
顶舱，穹顶舱（右图）将安
置一个机械臂操控站。2011
年 2 月，拉斐尔多用途后勤
模块为空间站运送物资，并
将废弃物返运回地球。

2016 年 4 月
比奇洛可扩展式活动模块
(BEAM)
比奇洛可扩展式活动模块
最近被安装到 ISS 上，是
一种可膨胀的实验性太空
舱，最大可以达到约 4 米
长、直径 3 米宽，能为乘
员提供适宜的活动空间。

观测宇宙

空间望远镜与人造卫星一样，都是在轨运行，例如哈勃空间望远镜，主要用于观测宇宙的不同区域。与地基望远镜不同，空间望远镜位于地球大气层之上，能够避免大气湍流的影响，大大提高了望远镜观测成像的质量。此外，大气层还会吸收恒星和其他天体在某些波段的辐射，从而减少了我们观测到的事物。

精准相机

1990 年 4 月 25 日，NASA 和 ESA 将哈勃空间望远镜放入太空，人类的观测视角被敏感的探测器和照相机替代，由此带来了全新的宇宙图景。1993 年，因为主镜出现故障，工程师又为其安装了矫正镜片（COSTAR），以调整其成像焦点。

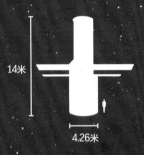

14米

4.26米

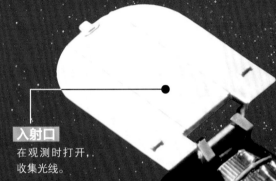

入射口
在观测时打开，收集光线。

外罩
保护望远镜免受外层空间的损害。在维修任务期间，宇航员会进行检查，查找要清除的颗粒和碎片。

副镜
光线在这里反射后到达相机。

如何拍摄

哈勃望远镜使用一系列镜子来捕捉光线，并将其聚合，直到它聚焦。

→ 光的方向

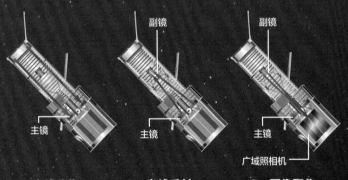

副镜

副镜

主镜

主镜

主镜

广域照相机

① **光线收集**
光线从入射口聚集，并反射到主镜上。

② **光线反射**
光线汇聚到副镜，副镜再将光线反射到主镜。

③ **图像聚焦**
光线聚焦在形成图像的焦平面上。

11 000 千克

在地球的重量

广域照相机
哈勃望远镜的主要电子照相机。

图像如何传输

① **哈勃空间望远镜**
将期望的观测指令上传到望远镜，完成观测后传输图像或其他数据。

② **跟踪与数据中继卫星**
从哈勃空间望远镜接收数据，将其发送到新墨西哥州白沙试验场的接收天线。

③ **地球**
信息从新墨西哥州传送到马里兰州格林贝尔特的戈达德太空飞行中心，并在那里进行分析。

"哈勃"图像
因为位于地球大气层之外，哈勃空间望远镜拍摄的图像清晰度远远优于地基望远镜。"哈勃"可以拍摄各种各样的天体——从星系、星系团到濒临爆炸的恒星（船底 η 星云），以及行星状星云（猫眼星云）。

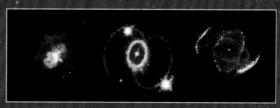

船底 η 星云　　　超新星　　　猫眼星云

高增益天线
接收来自地球的命令，并将照片作为电视信号返回。

太阳能电池板
通过定向太阳能天线提供能量。

主镜
主镜的直径是 2.4 米，负责捕捉和聚焦光线。

光学校正系统
光学装置，用以纠正哈勃空间望远镜上有缺陷的镜子。

模糊物体照相机

其他望远镜

钱德勒空间望远镜
1999 年发射，是目前正在运行的两个大型的 X 射线望远镜之一。

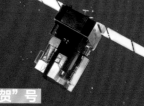

"索贺"号
（太阳和日球层探测器）
由 NASA 和 ESA 共同打造的探测器，可以让科学家详细地观测地球与太阳之间的相互作用。1995 年发射入轨。

斯皮策空间望远镜
2003 年 8 月发射升空，在红外线波段进行观测。

钱德勒
X 射线天文台

1999 年 7 月，钱德勒 X 射线天文台发射入轨。"钱德勒"使用角分辨率为 0.5 弧秒的 X 射线观测，其效果比第一台轨道 X 射线望远镜"爱因斯坦天文台"要优化 1 000 倍。该功能可以检测漫射 20 倍以上的光源。"钱德勒"望远镜工作组负责开发从未应用过的相关技术和工艺。

前沿技术

"钱德勒"卫星系统设计有望远镜和科学仪器，作为天文台所需的结构和设备。为了控制其组件的临界温度，"钱德勒"有一个由散热器和恒温器组成的特殊系统。卫星的能量来源于太阳能电池板，电能储存在三个电池里。

如何创建图像

"钱德勒"收集的信息会分解到图像和表格中，包括 x 轴、y 轴坐标。

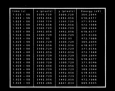

数据表

包括"钱德勒"观测收集的时间、坐标、光子能量值等数据。

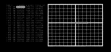

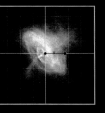
② **x 轴**
水平网格数据。

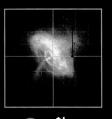
③ **y 轴**
垂直网格数据。

① 观测

望远镜相机拍摄一张 X 射线图像并将其发送到深空网络进行处理。

照相机

高分辨率主镜

太阳能电池板

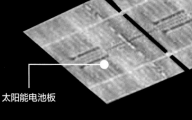

X轴

4层双曲面

④ 钱德勒X射线控制中心

确保天文台的功能和图像接收。操作员负责准备指令，确定高度，监视卫星的状况和安全。

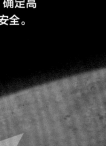

③ 喷气推进实验室

实验室从深空网络接收、处理信息。

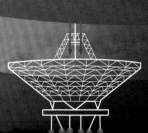

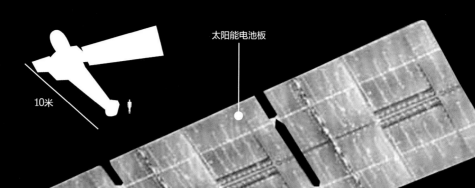

5 年

已经超过了"钱德勒"
天文台的预期寿命。

10米

太阳能电池板

深空网络

NASA 建造的国际天线网络，用于支持绕地运
行、射电天文观测的星际任务，包括三个复合
体，每个复合体至少有 4 个深空基站，配备超
灵敏的接收机系统和大型抛物面天线。

透射光栅

光学系统支架

高分辨率相机

低增益天线

美国加州
戈德斯通

西班牙马德里

澳大利亚
堪培拉

天线

每个复合体至少有一个包括 4 个天线的系统。

① 直径 26 米
的天线

② 直径 34 米的
低增益天线

③ 直径 70 米
的天线

8 小时

每 8 小时，"钱德勒"与
深空网络联络一次。

科学仪器模块

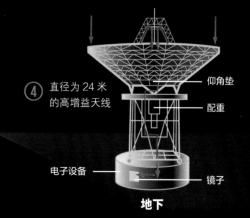

④ 直径为 24 米
的高增益天线

仰角垫

配重

电子设备

镜子

地下

② 深空网络

用于与航天器开展通
信并接收信息。

"旅行者"号

为研究外太阳系，美国国家航空航天局启动了"旅行者"1号、2号项目。它们于1977年发射，1980年到达土星，1989年到达海王星。"旅行者"1号和2号目前已飞往太阳系最外边界，成为太空旅行最远的人类使者。

"先驱者"10号、11号

1973年的"先驱者"10号，是首次飞越木星的探测器，并于1979年开始观测土星。1974年被"先驱者"11号追上，却在1995年失去了与地球的联络。

"旅行者"的星际任务

当"旅行者"1号、2号离开太阳系时，该项目更名为"旅行者"星际飞行任务。两个探测器将继续探测，寻找太阳系边际与外太阳系世界。

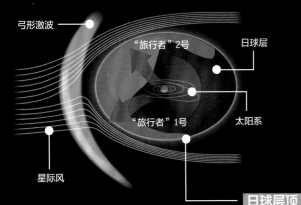

弓形激波

"旅行者"2号

日球层

"旅行者"1号

太阳系

星际风

日球层顶

太阳影响区域与外太阳系的边界。

超越太阳系

超出日球层顶，"旅行者"可以测量从太阳磁场逃逸的辐射，即所谓的弓形激波（太阳风由于太阳磁场消失而突然减少的区域）。

地球
木星
土星
天王星
海王星

"旅行者"2号

"旅行者"1号

飞行路径

"旅行者"1号于1979年飞掠木星，1980年飞掠土星。"旅行者"2号亦是，于1986年飞掠天王星，1989年飞掠海王星。两者目前状态良好。

41 年

到2018年，距离"旅行者"号开始星际旅行已有41年。

大事记

1977
发射
NASA从佛罗里达州卡纳维拉尔角发射"旅行者"1号、2号，标志着一项长期、成功的使命开始，该任务目前仍在执行中。

1977
地月合影
9月5日，"旅行者"1号发回了地球和月球的合影，说明其功能健全。

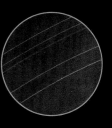

1986
相约天王星
1月24日，"旅行者"2号飞掠天王星，发回了这颗行星的照片，并对它的卫星、环和磁场进行了探测。

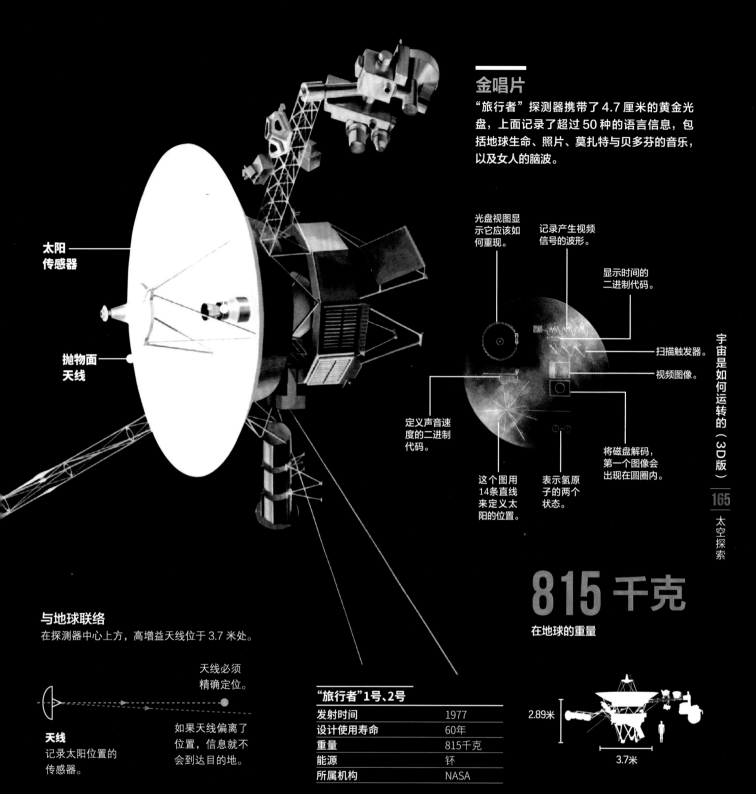

金唱片

"旅行者"探测器携带了 4.7 厘米的黄金光盘，上面记录了超过 50 种的语言信息，包括地球生命、照片、莫扎特与贝多芬的音乐，以及女人的脑波。

光盘视图显示它应该如何重现。

记录产生视频信号的波形。

显示时间的二进制代码。

扫描触发器。

视频图像。

将磁盘解码，第一个图像会出现在圆圈内。

定义声音速度的二进制代码。

这个图用 14 条直线来定义太阳的位置。

表示氢原子的两个状态。

815 千克

在地球的重量

与地球联络

在探测器中心上方，高增益天线位于 3.7 米处。

天线必须精确定位。

天线
记录太阳位置的传感器。

如果天线偏离了位置，信息就不会到达目的地。

太阳传感器

抛物面天线

2.89米

3.7米

"旅行者"1号、2号

发射时间	1977
设计使用寿命	60年
重量	815千克
能源	钚
所属机构	NASA

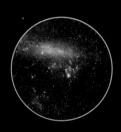

1987
超新星观测
超新星 1987A 在大麦哲伦云天区爆发。"旅行者" 2 号拍到了高质量的照片。

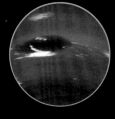

1989
海王星彩色照片
"旅行者" 2 号是第一个观测海王星的人造探测器，同时也近距离地拍摄了海王星最大的卫星——海卫一。

1998
超过"先驱者"10号
1973 年，"先驱者" 10 号飞越了木星。1998 年 2 月 17 日，"旅行者" 1 号首次超过打前站的"先驱者" 10 号，成为史上飞行距离最远的探测器。

地外文明探索计划（SETI）

如果宇宙中存在智能生命，它们很可能会利用无线电信号与外界进行通信。自20世纪60年代以来，不同的 SETI 计划都在集中力量使用强大的射电望远镜（Radio telescope）扫描太空，试图找出来自其他文明的无线电波。但是，目前尚无任何发现。

350 个天线镜？

未来，ATA 的天线数量将达到350 个，这个天线阵列的扫描区域相当于一个直径 114 米的单口径射电天线。

艾伦望远镜阵(ATA)

艾伦望远镜阵坐落在哈特克里克射电天文台，由42 个射电望远镜组成，与加利福尼亚州旧金山东北 482 千米处偏远山谷中的射电望远镜阵列相似。

探索永无止境

SETI 研究所由美国国家航空航天局不同的项目赞助而成。自 1985 年起，SETI 开始专注于寻找外星生命。这个由天文学家弗兰克·德雷克领导的私人非营利机构，多年来一直由私人捐助者资助，其中包括微软公司联合创始人保罗·艾伦（Paul Allen），他先后投入 2 400 万美元用于望远镜的建造。与 SETI 研究所一样，如今也有很多其他项目加入到了搜索太空无线电波的任务中。

① "大耳朵"射电望远镜

用于搜寻智能生命的第一台射电望远镜于 1963年正式投入使用。直到退役前的 22 年里，它一无所获。

② SETI@HOME实验

一项基于加利福尼亚大学伯克利分校的科学实验，使用来自世界各地的互联网计算机，处理从阿雷西博天文台（Arecibo observatory）射电望远镜收集来的数据。

③ 艾伦望远镜阵（ATA）

得益于 SETI 研究所和伯克利分校的努力，2007年，艾伦望远镜阵——一种结合了多个天线信号的强大射电望远镜，投入运行。

④ "突破聆听"项目

2015 年，一个新的耗费 1 亿美元的科学研究立项，旨在寻找最接近我们的 100 个星系中是否有文明存在。该研究利用两个最大的射电望远镜：西弗吉尼亚的绿堤射电望远镜和澳大利亚的帕克斯天文台。

"阿雷西博"信息

1974 年 11 月 16 日，波多黎各的阿雷西博射电望远镜将一个强大的星际无线电信息送入太空，里面包括人类和地球的基本信息。由弗兰克·德雷克、卡尔·萨根和其他天文学家设计的这个图标，由 1 679 个二进制数字组成，目标是距离 2.5 万光年的武仙座星团 M13，希望它能被那里可能存在的智能生命捕获。

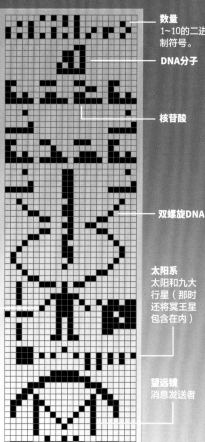

数量
1~10的二进制符号。

DNA分子

核苷酸

双螺旋DNA

太阳系
太阳和九大行星（那时还将冥王星包含在内）

望远镜
消息发送者

人类
左边是人类的平均高度 1.764 米，右边是当时的全球人口总数；42.93 亿。

刻录的信息
信息包括关于太阳系、地球和人类物种的数据。1 679 位二进制数字（两个素数的乘积）从左到右排列，一共是 23 行、73 列，描绘了不同符号元素的设计。

哇！信号

至今还没有无线电信号捕获到可能的外星生命信息。1977 年 8 月 15 日，"大耳朵"射电望远镜接收到唯一可以被认为是异常的信号。整个信号持续 72 秒，来自人马座，其强度比普通的深空背景噪声高 30 倍。俄亥俄州立大学的杰里·赫曼（Jerry R.Ehman）教授发现了这个异常。经过多年的调查，却未再次观察到同样的信号，因此至今仍无法解释。

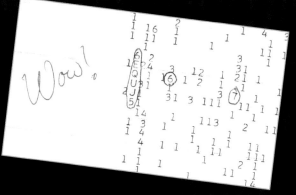

命名

这个信息俗称"WOW！"，因为当时杰里教授在接收的数据记录纸上用红色墨水书写了这句评论，它的正式名称是 6EQUJ5。

走近太阳

1990 年 10 月 6 日，宇宙探测器"尤利西斯"搭载航天飞机发射升空。1997 年，完成了第一次绕太阳运行，进而对太阳这颗恒星展开了深入的研究。探测器所在的轨道允许它在太阳的南、北两半球从赤道到极点的所有纬度进行日球层观测。这次由 NASA 和 ESA 联合执行的任务，使探测器首次进入到太阳两极的轨道探测。"尤利西斯"以 15.4 千米 / 秒的速度绕太阳运行。

太阳极点太阳风观测器
一种研究太阳风的离子成分以及粒子材料的仪器。

经过太阳北极
1995 年 6—10 月
2001 年 9—12 月
2007 年 11 月至 2008 年 1 月

① 第一次绕日轨道开始时间：1992 年

② 第二次绕日轨道开始时间：1998 年

③ 第三次绕日轨道开始时间：2004 年

太阳　　地球

木星
飞掠木星，并利用它的重力助推

经过太阳南极
1994 年 6—11 月 / 2000 年 9 月
2001 年 1 月 / 2006 年 11 月至 2007 年 4 月

100天

高增益天线
用于与地面工作站的通信联络。

首次绕日飞行
日球层
1997 年 12 月，"尤利西斯"经过太阳北极后完成了它的第一次绕日轨道运行。日球层看起来是双模结构——也就是说，在轨道更倾斜的时候（从 36°开始），太阳风更快。首次绕日飞行时，太阳活动相对较少。

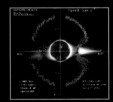

第二次绕日飞行
日球层的混乱
2000 年，"尤利西斯"探测器获取的数据显示了太阳活动极大期期间太阳风结构的变化。探测器尚未发现风速与倾角相对应的模式关系。一般而言，太阳风较慢且变化较大。

第三次绕日飞行
历经了第二次绕日过程中太阳活动冲击后的艰难生存，"尤利西斯"探测器于 2007 年 2 月开始在太阳极点附近进行第三次轨道探测。与 1994 年一样，此次也是太阳活动最弱的时期，但极地磁场已经发生颠倒。

放射性同位素热电发电机
为探测器提供推进使用的电能。

宇宙尘设备
一个内置设备，用于研究日球层粒子和宇宙尘埃的能量组成。

伽马射线暴实验设备
研究太阳发出的伽马射线的装置。

径向天线
包含用于不同实验的 4 个设备。

磁力计
用于研究日球层磁场的设备。

15.4 千米／秒
"尤利西斯"探测器的速度。

标准无线电和等离子波勘测仪
用于测量太阳风中的无线电和等离子体。

日球层光谱、成分和各向异性低能量实验设备
用于测量行星际介质的离子和电子中存在的能量装置。

微调装置
用于校正探测器轨道的燃料箱。

天线电缆控制器
用来改变天线位置的装置。

金色涂层
当燃料达到 5 ℃以上时，金色涂层可以作为绝缘材料，帮助将航天器的仪器保持在 35 ℃以下。

天线电缆
探测器的两侧各有一个，在升空后展开。

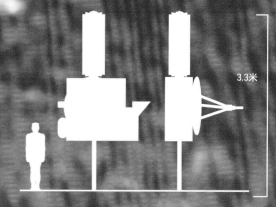

3.3米

技术参数

发射时间	1990年10月6日
发射时重量	370千克
载荷重量	550千克
轨道倾角	黄道夹角80.2°
所属机构	NASA和ESA

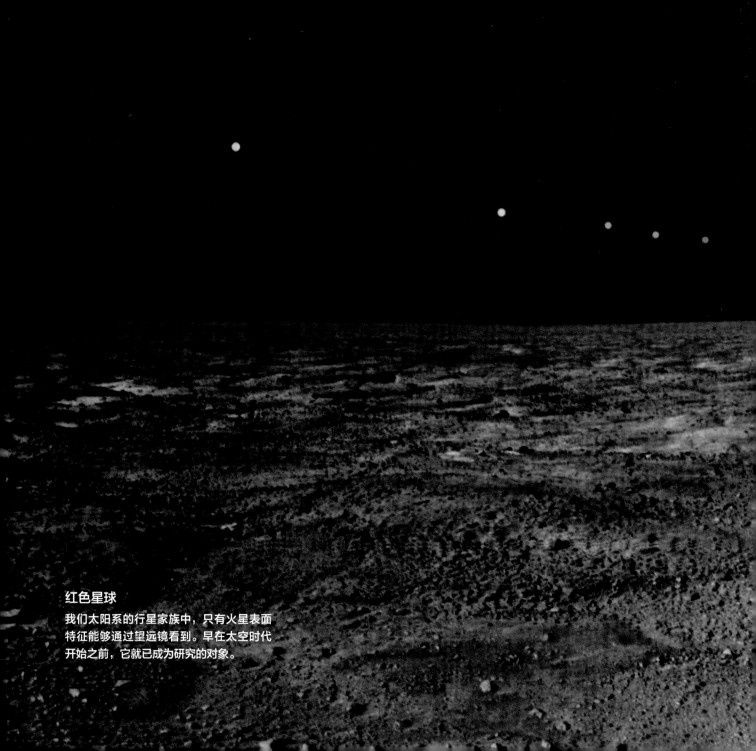

红色星球
我们太阳系的行星家族中，只有火星表面
特征能够通过望远镜看到。早在太空时代
开始之前，它就已成为研究的对象。

CHAPTER 7

探索火星与其他未知世界

火星以其与地球的邻近性和独特性，自古以来就不断地激发着人类的好奇心，甚至成为未来太空移民的理想目的地。金星距离地球更近，但它的地形隐藏在不透明的厚重大气中，令人捉摸不透。距离地球稍远的木星和土星，被自身的旋转云团团包住，也将我们这些窥探者拒之门外。此外还有水星，但它个头较小，很难进行探测。

火星任务

自1960年以来，国际上已经向这颗红色星球派遣了40多个"考察使团"，多以失败告终。其中也有一些成功的探测，有的是抵达了火星轨道并绕其飞行，还有一些则是成功降落在了火星表面。未来，机器人火星探测将为人类着陆火星并返回地球提供更多的帮助和可能。

"水手"6号
1969年2月24日，这个43千克重的飞船，为人类带回了首张火星表面照片。

过去、现在和未来

苏联、美国、日本和欧盟，都曾经试图通过不同方式前往火星。人类的探测器不停地环绕这颗红色星球飞行，还有无人探测车行进在它的表面，带来了关于火星环境方面令人惊异的新发现，例如水和甲烷的存在等。

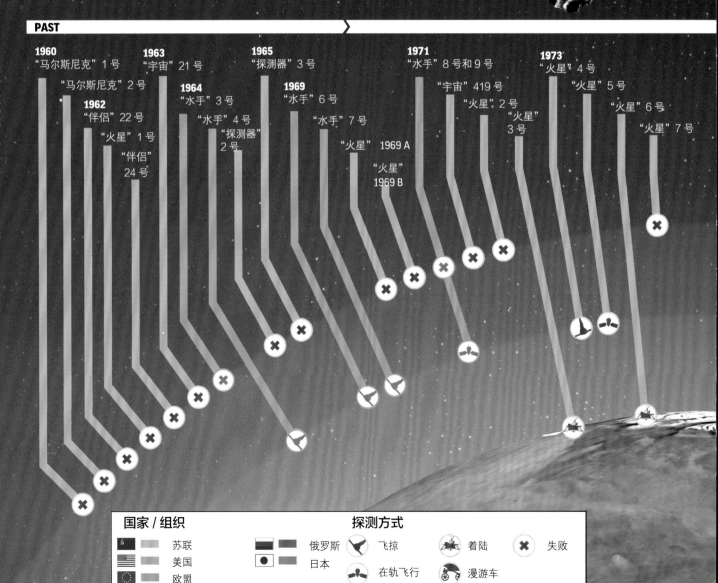

PAST

1960
"马尔斯尼克"1号
"马尔斯尼克"2号
1962
"伴侣"22号
"火星"1号
"伴侣"24号

1963
"宇宙"21号
1964
"水手"3号
"水手"4号
"探测器"2号

1965
"探测器"3号
1969
"水手"6号
"水手"7号
"火星" 1969 A
"火星" 1969 B

1971
"水手"8号和9号
"宇宙"419号
"火星"2号
"火星"3号

1973
"火星"4号
"火星"5号
"火星"6号
"火星"7号

国家/组织

- 苏联
- 美国
- 欧盟
- 俄罗斯
- 日本

探测方式

- 飞掠
- 在轨飞行
- 着陆
- 漫游车
- 失败

潮湿而温暖的过去

利用探测器和火星漫游车传回的大量数据信息，我们得以破译火星的现状，想象它遥远的过去。影像显示，火星表面曾经有液体流过，水流产生了山谷和典型的湖泊。

此外，只有液态水存在才能形成的矿物质、局部土壤样本的氢气，这些发现进一步证明了火星过去曾经有液态水。据推测，由于约 35 亿年前的火山活动和大型陨石撞击产生的温室效应，使火星变成了现在的样子。

火星探路者
首个在火星表面探测的机器人漫游车，于 1996 年成功降落。

火星生命探测计划
这台欧洲机器人着陆车能够向火星地面打钻，同时利用三维地图与其母飞船联络。

现状和未来

2016
火星生命探测计划
该计划包括：火星微量气体轨道卫星（Trace Gas Orbiter, TGO）、斯基亚帕雷利着陆器（2016 年坠毁），以及两个将于 2020 年 3 月发射的轨道车。
火星生命探测计划目标是探测火星地表下和空气中的几种气体（尤其是象征生命存在的甲烷）。

2018
Insight 计划
NASA 将发射一个着陆器，利用搭载的地震计设备探测和分析火星地表的秘密。

2020
2020 火星探测车
这款火星车与"好奇"号相似，将主要探测代表生命特征的信息，去追寻火星过去乃至现在的生命迹象。

2030
载人飞行
将制成一个胶囊（"阿波罗"的继承者）。

975
"海盗" 1 号
"海盗" 2 号

1988
"福波斯" 1 号
"福波斯" 2 号

1992
火星观测者

1996
火星全球勘测者
火星探路者
"火星" 96 号

1998
"希望"号
火星气候探测器

1999
火星极地着陆器

2001
火星"奥德赛"号探测器

2003
火星快车
"勇气"号

"机遇"号

2005
火星勘测轨道飞行器

2007
"凤凰"号火星车

2011
"好奇"号

2013
"专家"号

2008年5月25日
"凤凰"号火星车
降落在火星北极，探测岩石中的碳和冰（生命元素）。

视野中的火星

曾经有很长一段时间，人们认为我们的近邻火星上面有生命存在。或许正因为如此，自20世纪60年代起，火星迎来了众多的探测使者，这使它成为人类除了地球了解最多的行星。1971年发射的"水手"9号和1976年的"海盗"1号、2号，为我们传回了火星上存在大量山谷和巨大火山的信息。2001年，美国发射了"奥德赛"号探测器，发现火星地下深处存在着液态水。

2001 火星"奥德赛"号（Mars Odyssey）任务

名字来源于电影《2001太空漫游》。2001年4月7日，NASA从美国的卡纳维拉尔角发射了一颗名为"奥德赛"号的探测器，并于同年10月进入火星轨道。"奥德赛"号设计有很多功能，包括可见光、红外热成像，探测行星表面化学成分，以及可能存在的热源。它的目的之一是追寻氢和水的踪迹。此外，"奥德赛"号还承担了其他火星探测任务的辅助工作，充当地球和火星表面探测器之间的无线电信号中转站。

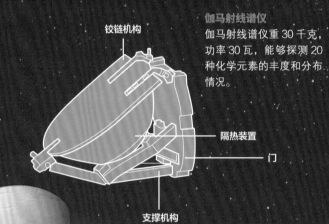

伽马射线谱仪
伽马射线谱仪重30千克，功率30瓦，能够探测20种化学元素的丰度和分布情况。

铰链机构

隔热装置

门

支撑机构

伽马射线传感器顶部

发射
2001年4月7日
"奥德赛"号搭载着"德尔塔"2号火箭发射升空。

抵达火星
2001年10月24日
"奥德赛"号进入火星轨道，开始科学探测。

火星"奥德赛"号

太阳

抵达时地球所处的位置

发射时火星所处的位置

地球

火星

2001年5月
飞船在火星表面300万千米处开启相机功能测试，传回了一张地球照片。

2001年6月
伽马射线分光计保护罩打开，传感器开始工作。

2001年7月
探测器开启自动引擎调整轨道，推进持续23秒。

2001年9月
探测器开始利用大气制动减速，修正轨道，开启探测任务。

"奥德赛"现状
探测器已经成为绕火星轨道运行的卫星。重要的成果是发现了冰的存在，被认为是未来载人登火任务的潜在水源。

从火星遥望地球

从火星上看，地球是宇宙深空中梦幻般的一抹蔚蓝。从那里，可以看到地球和月球两者的交相呼应，亲密无间。这张照片是2006年4月由"奥德赛"号拍摄的。利用飞船的红外成像系统，它能够探测到地球的温度，并被地基传感器证实。

技术参数

发射时间	2001年4月7日
抵达火星时间	2001年10月24日
花费	3.32亿美元
重量	725千克
使用寿命	15~20年

2.20米

2.60米

高增益天线

太阳能电池板

中子谱仪

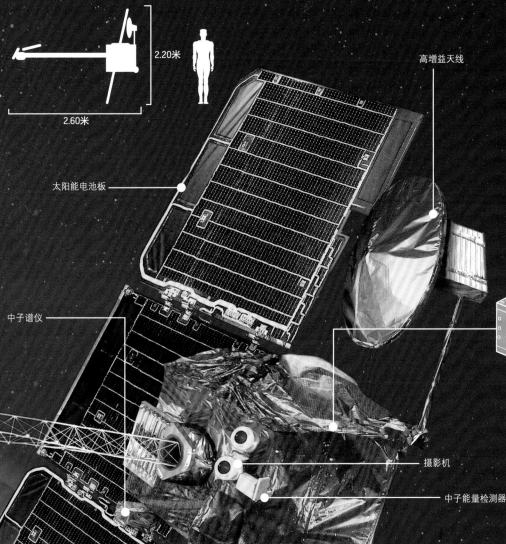

摄影机

中子能量检测器

超高频天线

蓝色星球

"奥德赛"号在火星附近拍摄的地球。

发现

"奥德赛"号对火星的新观察表明，北极的地下冰容量比南极多三分之一。科学家们推论，在地球之外的行星上极有可能发现微生物。

火星无线电探测仪

用于探测火星无线电环境的设备，重3千克，功率7瓦。它用来探测太阳、其他恒星以及到达火星轨道的天体所产生的辐射。

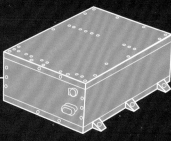

7个月

"奥德赛"号完成目标的时间。

热辐射影像系统

系统相机重约911千克，功率14瓦，可进行红外成像，并依据照片红外图像的光谱和记录的温度，推测火星表面的成分。

火星表面

与地球不同，玄武岩沙丘在火星上很常见。火星表面平坦、单一，让人想起地球的沙漠景象。

火星勘测轨道飞行器 (MRO)

自从 20 世纪 60 年代 "水手" 号等开启了火星之旅后，星际太空探索为科学研究做出了巨大贡献。这些任务大多数情况下是由太阳能供电，无人探测器装备有精密的设备，能够细致地探测行星、卫星、彗星、小行星。著名的探测器如 2005 年发射的火星勘测轨道飞行器 (MRO)。

火星勘测轨道飞行器

这个轨道探测器的最主要目标是搜寻火星表面水的痕迹。NASA 于 2005 年夏天发射 MRO，2006 年 3 月 10 日抵达火星，在 7 个月时间里旅行了 1.16 亿千米。到十多年后的今天，任务仍然在进行中。

接近火星

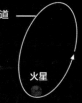

环绕火星轨道飞行 500 圈

③ **最后的轨道**
为了更好地获取数据，飞船最后沿着一个几乎圆形的轨道行进。

轨道

火星

② **制动**
为了接近火星，飞船利用六个月时间进行减速。

① **启动**
首次沿着巨大的椭圆轨道飞行。

1.16 亿千米
探测器抵达火星的星际之旅

火星轨道

太阳

地球轨道

火星

地球

① **发射**
2005 年 8 月 12 日，从美国卡纳维拉尔角发射。

② **巡航**
飞船行进了 7 个半月，抵达火星。

③ **路径修正**
工程师预先制定了 4 种路径方案，以保证轨道的精确性。

④ **抵达火星**
2006 年 3 月，MRO 进入火星南半球。探测器稳步减速。

⑤ **科学探测**
探测器开始在火星进行科学研究，并最终发现了水的存在。

1031 千克
在地球上的重量

技术参数：

燃料重量	2 180 千克
面板性能	最低 -200 ℃
发射火箭	亚特兰蒂斯 V-401
任务周期	2006 年至今
预算	7.2 亿美元

火星勘测轨道飞行器　火星环球勘测者　火星 "奥德赛" 号探测器

在火星

MRO 的主要任务是在火星上寻找水的痕迹，由此推断这颗星球的演化过程。探头能够提供高分辨率的火星表面图像和矿物分析。同时，能够为绘制火星每日环境图提供足够的信息。

太阳能电池板

探测器的主要能量是太阳能。飞船设计有两个太阳能电池板，总面积 40 米 ²。

电池板展开

在轨运行期间，太阳能电池板呈展开状态。

电池板在一定程度上可以从左向右滑动。

展开后，它们使用一个轴工作。

电池板开始向上展开。

电池板呈关闭状态。

3 744 块

每块面板上有 3 744 块电池，用来将太阳能转化成电能。

高增益天线

数据传输容量是之前轨道器容量的 10 倍。

太阳能电池板

浅地层探测雷达

太阳能帆板

科学载荷

利用高分辨率成像科学设备（HiRISE），背景摄影机（CTX）和红外线/可见光频谱仪（CRISM）能够提供某个指定区域的高质量信息。

高分辨率成像科学设备

能够提供地质构造的详细信息，相比之前的任务，HiRISE 相当程度上提高了数据的精确性。

HiRISE
火星勘测轨道飞行器(2005)

火星气候雷达
火星环球勘测者(1996)

分辨率：30厘米/像素   分辨率：120厘米/像素

火星气候雷达

观测火星大气状况。

火星彩色相机

提供彩色图像。

小型侦察影像频谱仪

将可见光、红外光影像分解成各种颜色的信号，以便识别各种矿物信息。

背景相机

提供全景图像，与 HiRISE 和 CRISM 的成像进行对比分析。

背景相机的拍摄，能够为 HiRISE 拍摄图像提供背景信息。

HiRISE 拍摄的细节信息。

高分辨率成像科学设备   小型侦察影像频谱仪   背景相机

一对火星车

"勇气"号和"机遇"号，这一对双胞胎于 2003 年从地球发射，2004 年 1 月抵达火星。它们是首次在火星表面进行漫游探测的火星车。两者都是 NASA 火星探险漫游者任务的一部分，它们装备了工具用来钻岩和收集火星样本。

火星的水与生命之谜

该任务的主要目标是搜寻火星上过去水体活动的证据。尽管机器人已经找到了这方面的信息，但鉴于土壤的紫外线辐射和氧化性使火星上的生命不可能呈现，所以它们一直无法找到活的微生物。未解之谜是，火星过去某个时期是否真的有生命存在过？更重要的是，目前火星地表之下是否有生命？或许那里的条件可能更适合生命存在。

1.5米

155 千克

在地球上的重量

技术参数：

降落时间	"勇气"号：2004年1月3日 "机遇"号：2004年1月24日
造价	8.2 亿美元
每日行程	100 米
钚载荷	每个飞船携带 2.8 克负荷
任务期限	"勇气"号：2010 年失去联系 "机遇"号：执行任务中

如何抵达火星

从地球飞往火星耗时 7 个月。一旦进入火星大气层，飞船就会打开降落伞，缓慢下降。

减速伞

降落伞

① **减速**
距离火星表面 130 千米处，减速伞启动，速度从 1.6 万千米 / 时降至 1 600 千米 / 时。

② **降落伞**
距离火星表面 10 千米处，降落伞打开，减速制动。

③ **下降**
飞船隔热装置从输入模块分离。

输入模块

④ **火箭**
距离火星表面 10 ～ 15 千米，点燃两个火箭以减缓下降速度。两个安全气囊充气，包围、保护起落架。

⑤ **安全气囊**
起落架和安全气囊脱离降落伞，降落在火星表面。

火箭降落

⑥ **着陆**
安全气囊放气，花瓣状结构保护着飞船展开。火星车驶出。

安全气囊

⑦ **仪器**
无人漫游车展开太阳能电池板、桅杆相机和天线。

"勇气"号拍摄的火星表面。

7 万张

"勇气"号执行任务最初两年拍摄的照片总量。

"机遇"号拍摄的足迹和照片。

8 万张

"机遇"号执行任务最初两年拍摄的照片总量。

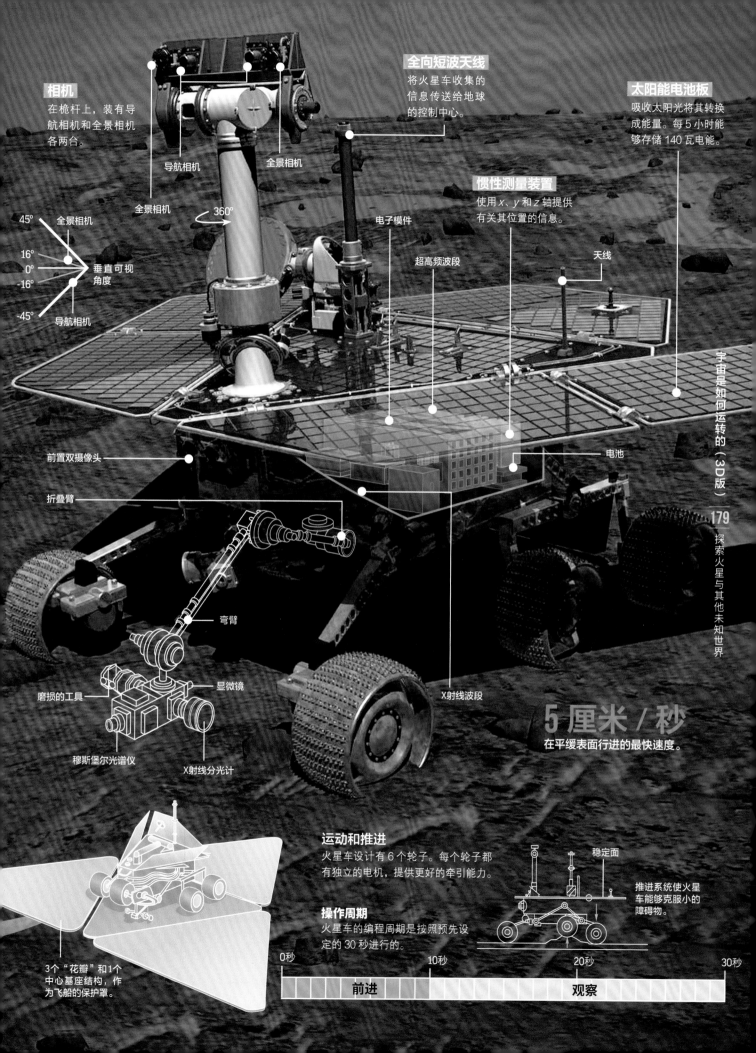

相机
在桅杆上，装有导航相机和全景相机各两台。

导航相机

全景相机

全景相机

360°

全景相机 45°
16°
0°
-16°
-45° 导航相机

垂直可视角度

前置双摄像头

折叠臂

弯臂

磨损的工具

穆斯堡尔光谱仪

显微镜

X射线分光计

全向短波天线
将火星车收集的信息传送给地球的控制中心。

电子模件

超高频波段

惯性测量装置
使用 x、y 和 z 轴提供有关其位置的信息。

太阳能电池板
吸收太阳光将其转换成能量。每5小时能够存储140瓦电能。

天线

电池

X射线波段

5 厘米/秒
在平缓表面行进的最快速度。

探索火星与其他未知世界

3个"花瓣"和1个中心基座结构，作为飞船的保护罩。

运动和推进
火星车设计有6个轮子。每个轮子都有独立的电机，提供更好的牵引能力。

操作周期
火星车的编程周期是按照预先设定的30秒进行的。

稳定面

推进系统使火星车能够克服小的障碍物。

0秒   10秒   20秒   30秒
        前进   观察

"好奇"号

最后一个着陆在红色星球上的 NASA 无人探测器——"好奇"号，于 2012 年 8 月 5 日抵达火星，降落在伽勒环形山。综合考虑到火星科学实验室任务的目标，科学家们一致选出这个降落地点，目的之一是研究火星的宜居性。

化学与摄像机仪器
安装在桅杆上的激光器，能够将岩石粉碎、拍照并进行化学成分分析。

寻找证据

自登陆火星以来，"好奇"号一直在夏普山基地探测，试图证明这里曾经有水流过。通过照片，科学家认为火星上的砾岩石与地球河滩的情形比较相似。根据岩石的形状和位置，科学家推测那里曾是一条水流顺畅的浅水道。撞击坑周围的墙壁说明，水沿着斜坡流下，堆积在"好奇"号着陆点的区域附近。

 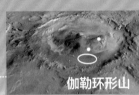

○ 着陆区

• 研究区

伽勒环形山

着陆区
伽勒环形山直径 150 千米，中心有一座由神秘岩石层组成的中央峰。

移动
"好奇"号的 6 个轮子上各安装有一个发动机，移动速度是 2 厘米/秒。

推进能源
"好奇"号火星车采用核燃料钚-238 转换的电能提供动力。

桅杆相机
"好奇"号的主要成像工具（包括两台数字相机，可以拍摄高清视频）。

火星车环境监测站
安装有各种环境感应传感器。

900 千克
"好奇"号的重量

其他发现

除了确认水的证据以及如果火星的某些条件被改造之后，火星能否变得宜居，"好奇"号还做了其他的重要调查。例如，"好奇"号证实，高强度的火星辐射会危及宇航员的生命安全。它还检测到了甲烷（强度波动）的存在。通常认为，在地球上，有生命机制参与才会导致甲烷发生强度变化。

进入大气层

降落伞打开

0 秒
速度：5 000 米 / 秒
高度：125 千米

240 秒
速度：470 米 / 秒
高度：10 千米

隔热装置分离：
雷达数据采集

密封舱分离

380 秒
速度：0.75 米 / 秒
高度：20 米

下降火箭启动

启动起重机释放着陆器降落

释放火箭

下降着陆系统

"好奇"号火星车（Curiosity rover）首次采用起重机和电缆着陆模式，而不是复杂的安全气囊。这保证了"好奇"号软着陆的实现。

机械臂

机械臂可以在 5 度范围内自由移动转向，伸长 2.2 米。机械臂的作用是将仪器靠近地面，收集岩石样本进行分析。

火星手持透镜成像仪

拥有大尺寸镜头可以进行彩色成像和高度细节拍摄。两个白色 LED 灯可以用于夜间拍摄。

阿尔法粒子 X 射线光谱仪

X 射线光谱仪：分析矿物质和微量元素。

技术参数：

发射日期
2011 年 11 月 26 日

抵达火星
2012 年 8 月 6 日

年限
一个火星年（687天，23个月）

900 千克

3米

移民火星?

如果现在的主要科学目标之一是寻找火星上的生命，那么未来的任务将是发射载人飞船，甚至包括移民到这颗红色星球。火星特有的大气层、超低温、高强度的辐射，以及空间飞行的技术难度，这些都是非常复杂的挑战。

生存障碍

从科学角度来说，火星移民面临的最大挑战是水源。超低温、低于地球1%的气压、高辐射阻止了表面液态水的留存。火星没有磁场，它的大气不足以自我保护。火星早期定居者只能生活在保护性居住舱中，等到科学家可以长期改变大气条件，人类的火星生存才有基本保证。

小行星

含有大量的水。美国国家航空航天局正在研究从小行星获取水的可能性。

① 水源

搜索水源需要穿透地表，融化火星表面的冰或蒸腾净化残余的水。

② 地球化改造

长期目标是排放二氧化碳或引起极区冰盖融化，产生温室效应，并"建造"一个类似于地球的保护性密集大气层。

模块

美国国家航空航天局将重点放在太空栖息地"模块"上，在火星上打造类似国际空间站使用的可再生空气和水系统，而不需要从地球运送货物。

6毫巴

火星当前的大气压

哪件衣服是必要的？

没有大气压或氧气，人类就必须使用太空服。2011年，美国国家航空航天局在南极实验新设计的压力系统。由美国北达科他州大学航空工程师巴勃罗·门德斯·德莱昂（Pablo Mendes de Leon）设计的NDX-1，原型机成本为100美元，由超过350种材料制成，包括碳纤维和凯夫拉（合成聚酰胺）。

-63℃

火星的表面温度

复杂的航行

登陆火星的第一个障碍是要完成极其复杂的航行，如今的技术可能需要长达7个月的时间。由于火星与地球之间的距离因其轨道相对于彼此而变化（小于6 000万千米），因此理想的出发时间很重要。除了面临宇航员失重和有限的饮食等身体方面的挑战，在漫长的旅程中高辐射的风险也许更大。

地下水

寻找水源是一项最基本的工作。夜间曾在浅水区检测到咸水痕迹，但白天却非常干燥。

猎户座－多功能载人飞船

美国国家航空航天局与欧洲太空局合作建造了这个版本的航天器，预计在2030年将宇航员运送到火星轨道，并最终到达火星表面。

VASIMR—可变比冲磁致等离子体火箭

可变比冲磁致等离子体火箭（VASIMR®）发动机是一种新型电动推进器，能够将氢或氩等气体转化为磁化等离子体。可以与航天器连接，将旅程减少到39天。

拉开
挑战大幕

美国国家航空航天局以及一些私人机构已经开始将宇航员派往火星，尽管实现这一任务的巨大经济成本让其他项目有所减缓。移民火星不仅需要太空飞船能够航行超长的距离，还需要它们运输大量材料和物资，同时飞船还要保证抵达火星后能够供居住使用。

美国国家航空航天局：2030 任务

根据美国国家航空航天局的预测，首次火星载人任务将于 2030 年开始。第一次任务包括火星轨道环绕以及随后的火星着陆。这些任务将利用美国国家航空航天局新开发的太空发射系统（SLS）火箭和特殊版本的猎户座飞船。

火星生命探测计划

在接下来的几年里，欧洲太空局和俄罗斯联邦航天局将共同努力深入研究火星物理学和化学。这些数据对未来的载人飞行任务至关重要。

温室

从地球运送货物到火星是相当困难的，所有火星居住计划必须包括能在温室内种植食物。

火星移民的交通工具

目前，已有雄心勃勃的人将目光聚焦在 2022 年移民火星上，领头人包括南非企业家埃隆·马斯克（Elon Musk），他是太空探索术（spaceX）创始人，也是 PayPal、特斯拉和 Solarcity（美国主要的太阳能电力系统供应商）等公司的联合创始人。马斯克计划向火星送去一个拥有多达 100 万居民的巨大移民地，可搭载 100 名乘客的宇宙飞船。 这些飞船将利用可重复使用的推进火箭，能够完成多次返回地球的物资供应任务。

"火星"1号，一个有争议的项目

荷兰企业家巴斯·兰斯多普主导的"火星"1号项目已被媒体广泛报道。其目标是在未来几十年内派遣4名宇航员前往火星，并建立人类定居点，这是一个单程任务（只去不回）。"火星"1号项目有复杂的甄选活动，将选出24名候选人。不过该项目面临很大的财务困难，已经推迟了多次载人飞行任务，目前尚不清楚它将利用哪种航天器和火箭系统。

火星之旅

2011	2013	2017	2022	2024	2026	2029	2030
"火星"1号立项	**开启乘员遴选**	**乘员训练开始**	**任务演示**	**通信卫星任务**	**火星漫游车与通信卫星任务**	**货运任务**	**前哨作战**
兰斯多普计划启动。	2 000多名候选人报名。	4名宇航员参加6个小组。	示范任务将发送到火星表面。	发射卫星到火星轨道。	找到适宜定居的最佳地点。	包含第二火星漫游车和其他支持单元。	火星漫游车准备前哨基地。

2031	2032	2033
1号乘员出发	**1号乘员抵达**	**2号乘员出发**
火星运输车（MTV）发射。	漫游者会把乘员带到前哨基地。	第三名乘员的货物舱也出发。

液态水

在火星表面，液态水只有在平均温度为4℃和压力为500毫巴的环境中才可存在。因此，必须对火星大气进行改造。也许人类的太空移民地在未来可以完成。

"灵感火星"计划（Inspiration Mars）

2013年，美国千万富翁丹尼斯·蒂托（Dennis Tito）创建了一个基金会，拟在2018年向火星发送一个载人飞船。计划在1月份火星处于有利位置时，运送一名男士和一名女士——可能是已婚夫妇——往返火星。蒂托打算利用地球和火星大冲位置优势，让他们飞掠火星，并在501天的相对较短时间内返回地球。不过，该项目缺乏NASA的支持，势头已经减缓。

聚焦木星

作为太阳系的第五颗行星，木星先后迎来了"先驱者"5号、6号，"旅行者"1号、2号和"卡西尼"号探测器的造访。不过，最重要的是 NASA 于 1989 年 10 月 18 号发射的"伽利略"号。"伽利略"号由轨道舱和大气探测器组成。经过漫长的航程后，大气探测器在 1995 年 12 月 7 日穿透约 200 千米木星大气层，传回了关于大气化学成分和气象活动的数据。轨道器持续发送信息，直到 2003 年 9 月 21 日，撞向了这个气体巨星。

旅行轨迹

"伽利略"号的主要探测任务是木星及其卫星的大气环境和磁层。为了顺利到达木星，"伽利略"号并不是直接飞抵木星，而是利用引力弹弓的助力飞行，并在 1990 年 2 月 10 日飞掠金星。然后，绕地飞行了两次，并于 1995 年 12 月 7 日抵达木星。探测器利用低增益天线发回了木卫二的前所未有的高质量图像，以及木卫一的火山活动情况。同时还发现了 21 颗新的木星卫星。该任务于 2003 年结束，探测器坠毁于木星大气。任务终结的主要原因是为了避免与木卫一相撞，毁坏其中可能含有冰的环境。科学家们相信，木卫一上可能已经演化出了微观生命。

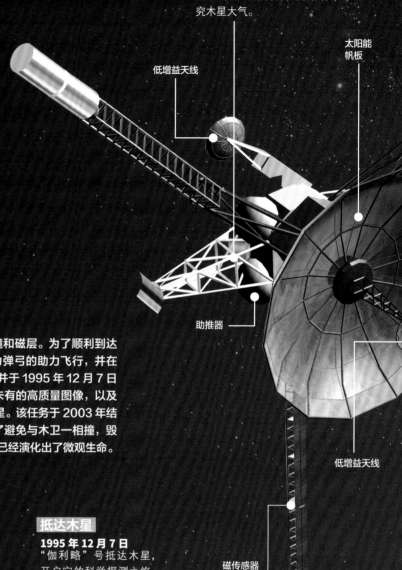

大气探测
"伽利略"号抵达木星，释放搭载的大气探测器，用来研究木星大气。

低增益天线

太阳能帆板

助推器

低增益天线

磁传感器

发射
1989 年 10 月 18 日
NASA 的"伽利略"木星探测器搭载着"亚特兰蒂斯"号航天飞机发射升空，目的地：木星。

飞掠地球
**1990 年 12 月 /
1992 年 8 月**
"伽利略"号两次飞掠地球，助力飞往木星。

抵达木星
1995 年 12 月 7 日
"伽利略"号抵达木星，开启它的科学探测之旅。2003 年，任务结束，完成了 35 次在轨绕木运行。

飞掠金星
1990 年 2 月 20 日
"伽利略"号传回探测金星的数据。

飞掠艾达
1993 年 8 月 28 日
"伽利略"号近距离飞掠小行星艾达。

飞掠加斯普拉
1991 年 10 月 29 日
"伽利略"号近距离飞掠小行星加斯普拉。

14 年
"伽利略"号任务从 1989 年 10 月至 2003 年 9 月，历时 14 年。

① **"伽利略"号释放大气探测器**，进入木星大气**执行任务**。探测器设计有减速和下降模块。

② **减速模块**
包括用于任务各阶段的保护隔热罩和热控制硬件，以引导进入大气。

减速模块

天线

降落伞

下降模块

③ **直径 2.5 米**的降落伞将下降模块与减速模块分离，可以全程控制进入大气层的速度。

④ **下降模块**
搭载了 6 种科学探测设备。在只有 57 分钟的实际生存中，探测器开启了科学家计划的所有探测工作。

降落伞

"伽利略"号木星探测器

尽管"伽利略"的任务在一定程度上受限于技术问题，但是它在环绕木星运行 35 圈的探测中，也为天文学家提供了大量信息。探测器比预计使用寿命延长了 5 年，发现了 21 颗新的木星卫星。"伽利略"总计向地球发回了 1.4 万张照片。在木卫一上发现了盐水的痕迹，同时证明木卫三和木卫四也可能存在水。在木卫二上探测到了火山活动迹象。它还显示木星周围几乎不可见的环，由陨星尘组成。从发射到解体，探测器长途跋涉共计 46 亿千米，消耗燃料 925 千克。

技术参数

抵达时间	1995 年 12 月 7 日
造价	15 亿美元
设计寿命	14 年
重量	2 233 千克
所属机构	NASA

7 米

6.2 米

木星大气

木星大气的成分 90% 是氢气，10% 是氦气。大气云的颜色取决于其中的化学成分。云层会因为大气风的剧烈动荡而蔓延。

木卫一

是木星的卫星之一。它以鲜艳的颜色著称，亮丽色彩是由表面各种硫化合物引起的。木卫一距离木星 67.1 万千米，于 1610 年被天文学家伽利略发现。

大气探测

"伽利略"探测器抵达木星后，立即释放了一个大气探测器。下降探测器携带着科学设备和保持它们活动状态所需的子系统，数据先行传入木星轨道器存储，再传回地球。在木星大气 57 分钟的探测过程中，收集到一些新的数据，包括木星云层上层缺水的惊人发现。

技术参数

进入大气时间	1995 年 12 月 7 日
生命周期	57 分钟
重量	339 千克
所属机构	NASA

0.86 米

1.25 米

宇宙是如何运转的（3D版）

187

探索火星与其他未知世界

木卫二
欧罗巴

木卫二技术参数	
轨道直径	3 126千米
轨道速度	13.74千米/秒
逃逸速度	2 025千米/秒
质量(地球=1)	0.008
体积	$1\,593 \times 10^{10}$米^3
重力	1 314米/秒^2
密度	3.013克/厘米^3
赤道/两极温度	−223°C/−163°C

与火星一样，木卫二也是太阳系里可移民的候选星体之一，并成为天文学的研究热点。这颗卫星表面的冰层下隐藏着一个巨大的咸海，那里的条件可能有助于某类微生物的存在。过去的几十年中，"先驱者"10号、11号，"旅行者"1号、2号，"伽利略"号，"新视野"号（New Horizons probe）等多个探测器都造访过木卫二，不久将迎来 NASA 和 ESA 的两位新的探测使者。

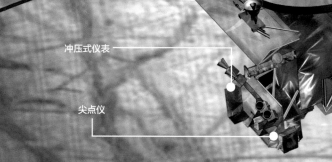

木星的随从

1610 年，天文学家伽利略就观测到了木卫二。人们曾经认为这颗卫星是由铁镍核心、岩石地幔、10 ~ 30 千米厚的冰壳组成，冰下有一个 90 千米深的大海。水能够保留液态，是因为在木星巨大引力下潮汐产生热量，并导致卫星变形。一些研究则认为，这些水有高浓度的氧气，甚至还存在复杂的生命。

木卫二的大气
大气非常脆弱，由非生物源氧气组成。阳光和空间粒子通过撞击冰面产生水汽。之后氢气逃入空间，氧分子形成弱的大气层。

冲压式仪表

尖点仪

雷达高频天线
探测器有两个冰穿透天线（16 米），连接到太阳能电池板上。

3.55 天
环绕木卫二在轨运行一周的时间

欧罗巴快船（Europa Clipper probe）和着陆器

由于任务预算的调整，经过 10 年的重新设计，NASA 将于 2022 年发射欧罗巴快船，届时空间发射系统（Space Launch System，简称 SLS）将投入使用。虽然只是在木卫二轨道飞行，但探测器将会周期性地飞掠木卫二表面，分析其冰壳，收集其内部海洋的数据。同时，将为 2025 年发现微生物探测的任务选择最佳着陆点。

冰质木卫探测器（JUICE）：欧空局任务

冰质木卫探测器是欧空局的木星探测计划，旨在研究这颗巨大的气态行星以及包括木卫一在内的主要卫星。探测器将于2022年由"阿丽亚娜"5型火箭发射，预计在2030年抵达木星轨道。探测器包括相机、光谱仪、探冰雷达等设备，期望对冰层之下的海洋进行深入研究。

探测器
冰质木卫探测器将对木星进行为期三年的探测。它的重要任务是探测木卫二厚重的冰层。

木卫二内部特征磁力计（5米）

红线
木卫二特有的红色线条，是因为冰壳破裂后，水涨到地表时形成的。盐沉积在裂缝里，在木星的磁场辐射性作用下变黑。

太阳能电池阵列板
两个大型太阳能电池阵列从航天器的两侧延伸。每个面板的尺寸是2.2米 x 4.1米，总面积72米^2。

普维斯撞击坑
木卫二的表面由冰覆盖，是太阳系星体中最光滑的之一。有几个可见的撞击坑，普维斯撞击坑就是其中一个，直径达39千米。

海洋近表面雷达特高频天线（4）

欧罗巴快船
将于2020年发射的欧罗巴快船，这是艺术家笔下的想象画。

土星一瞥

能够重返土星的动力，来自 NASA 和 ESA 科学联盟对这颗行星的好奇和渴望。1997 年 10 月 15 日，经过几年的推动，这次合作终于有了结果，并决定向这个巨大气态行星派出使者："卡西尼"号，向着它行进。它还搭载了一个小型探测器："惠更斯"号，其目标是土星最大的卫星——泰坦，将从泰坦的表面传输图像和声音。"惠更斯"号完成了这项惊人的壮举，再次表明了人类应对挑战和困难的能力。

飞行路线

"卡西尼-惠更斯"号的旅行是漫长而复杂的，包括飞掠金星（1998 年和 1999 年）、地球（1999 年）和木星（2000 年）。每一步都旨在增加飞船的速度，让飞船朝适当的方向行进（称为引力辅助的方向调整）。最终，经过 7 年、35 亿千米的太空之旅，飞船抵达它的目的地。继 1981 年 "旅行者" 2 号飞掠之后，土星再次迎来了地球使者。

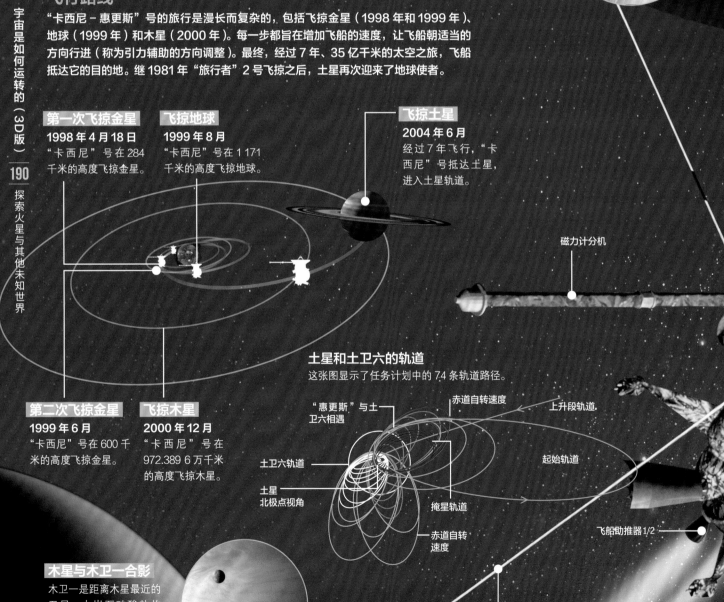

土星环
是一个由冰块和粉状岩石组成的综合体，环绕着土星轨道运行已有 45 亿年的历史。

第一次飞掠金星
1998 年 4 月 18 日
"卡西尼"号在 284 千米的高度飞掠金星。

飞掠地球
1999 年 8 月
"卡西尼"号在 1 171 千米的高度飞掠地球。

飞掠土星
2004 年 6 月
经过 7 年飞行，"卡西尼"号抵达土星，进入土星轨道。

磁力计分机

第二次飞掠金星
1999 年 6 月
"卡西尼"号在 600 千米的高度飞掠金星。

飞掠木星
2000 年 12 月
"卡西尼"号在 972.389 6 万千米的高度飞掠木星。

土星和土卫六的轨道
这张图显示了任务计划中的 7.4 条轨道路径。

"惠更斯"与土卫六相遇
赤道自转速度
上升段轨道
土卫六轨道
土星北极点视角
掩星轨道
起始轨道
赤道自转速度

飞船助推器1/2

射电天线子系统与等离子体探针

木星与木卫一合影
木卫一是距离木星最近的卫星，由岩石硅酸盐构成。内核半径为 900 千米，可能含有铁元素。图片由"卡西尼"号拍摄。

"卡西尼－惠更斯"号探测器

"惠更斯"号负责收集信息，再由"卡西尼"发送到地球，这个过程需要 67 分钟。虽然只能看到土卫六的一小部分，却也能回答一些关键的问题。探测器虽然没发现液态水，却探测到土卫六表面有一个顶部坚硬、下部柔软的地壳，时常被水淹没。研究推测，土卫六可能有非常罕见的降水。降水一旦发生，可能非常丰富，甚至导致洪水泛滥；而且，生命出现所需要的一些条件可能存在于土卫六上，不过对于生命来说，这里还是过于寒冷。

"卡西尼"号的技术参数

发射时间	1997年10月15日
开始进入土星轨道	2004年7月1日
重量	5 600 千克
所属机构	NASA和ESA

6.7 米
4 米

5 600 千克
在地球上的重量

高增益天线

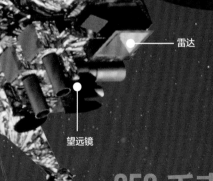

低增益天线1/2

雷达

望远镜

同位素温差发电机

"惠更斯"号的技术参数

释放时间	2004年12月25日
重量	319千克
所属机构	NASA和ESA
着陆时间	2005年1月14日
降落时间	2.5小时

350 千克
在地球上的重量

"惠更斯"号在"卡西尼"号上的位置

6.8 米
2.7 米

降落土卫六

2005 年 1 月 4 日，"惠更斯"号携带的 6 台设备在两个半小时的下降过程中不间断工作。探测器证实，环绕土卫六的气体层主要由氮组成，其微黄色是由复杂的碳氢化合物引起的，这些碳氢化合物是在阳光照射大气中的甲烷时形成的。温度计在海拔 50 千米处测量温度是－203 ℃，是整个下降过程中测得的最低值。

① **分离**
"惠更斯"号从"卡西尼"号上分离。

② **下降**
持续 150 分钟，降落到距离表面 1 270 千米处。

土卫六表面
被一层深厚的云层遮住了，许多与地球生命诞生之前类似的化合物可能存在于高海拔地区，处于冻结状态。

③ 第一个降落伞在探测器下降过程中帮助减速。

④ 第二个降落伞替代第一个。

⑤ 第三个降落伞替代第二个。

⑥ 开启着陆器，探测器准备着陆。

⑦ **表面冲击**
宇宙飞船降落在了土卫六的表面。

⑧ **着陆**
探测器拍摄了土卫六着陆点的照片和数据。

飞向金星和冥王星

2006 年 1 月，NASA 发射了"新视野"号，这是一次将宇宙飞船带到太阳系边缘甚至之外的极限航行。"新视野"号的重要目的是访问矮行星：冥王星（2006 年在国际天文学联合会大会上，它被降级）。2015 年，飞船飞掠木星获取加速度后，继续向冥王星前进。在距离冥王星 12 450 千米处，进行了几个月的观测，然后"新视野"号飞向了太阳系边缘的柯伊伯带。

"新视野"号

NASA 发射的无人飞船，目的地是冥王星和柯伊伯带。探测器于 2006 年 1 月 19 日从卡纳维拉尔角发射。它于 2007 年 2 月飞掠木星，获取了加速度。2015 年 7 月 14 日靠近冥王星。最后，飞向柯伊伯带。此行的重要目的是探测冥王星和其卫星卡戎的形成和结构，分析冥王星表面温度的变化，寻找冥王星周围的其他卫星，并获取高质量图像。飞船的能量来源于同位素热电发电机。

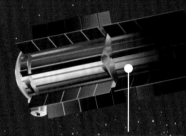

1 号谱仪
研究冥王星与太阳风的相互作用，确定它是否拥有磁层。

放射性同位素发生器
为飞船提供推动能量。

低增益天线
辅助高增益天线，发生故障时可以更换使用。

发射
2006 年 1 月 19 日
"新视野"号从卡纳维拉尔角发射，目的地柯伊伯带。

飞掠木星
2007 年 2 月
飞掠木星，获取了飞向冥王星的加速度。

飞掠柯伊伯带
2016—2020 年
飞过柯伊伯带的一个接一个的天体。

与火星轨道相交
2006 年 4 月 7 日
探测器穿过火星轨道。

抵达冥王星
2015 年 7 月 14 日
"新视野"号飞掠了冥王星和它的卫星卡戎，向地球发回了其表面、大气和环境的数据信息。

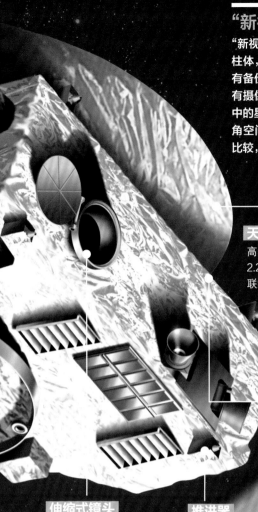

"新视野"号飞船

"新视野"号的核心部件是一个重 465 千克的铝制圆柱体，其中 30 千克是科学设备。所有系统和设备均有备份。飞船携带了一套复杂的制导和控制系统。它有摄像头可以跟踪星星，帮助找到正确的方向。相机中的星图包括 3 000 颗星星。其中一个相机会拍摄广角空间图像，每秒 10 次，并将它与存储的星图进行比较，以校正方向。

技术参数

发射时间	2006年1月19日
造价	6.5亿美元
重量	465千克
所属机构	NASA

0.7 米

2.1 米

天线
高增益天线，直径 2.2 米，用于地球联络。

辐射计
测量大气成分和温度。

2015

7 月 14 日 "新视野" 号飞临冥王星。

伸缩式镜头
将绘制冥王星图像，并收集高质量的地质数据。

推进器
飞船装有 6 个推进器以提高飞行速度。

"金星快车"号任务

金星比地球略小，拥有厚重的大气。因为距离太阳 1.08 亿千米，它接收到的太阳能几乎是地球表面的两倍。"金星快车"号是欧空局的首个金星探测任务。其科学目标包括大气研究、等离子体介质、行星表面、地表 – 大气的相互作用等。2005 年 11 月 9 日从拜科努尔航天发射场发射。2006 年 4 月 11 日，飞船进入金星轨道，任务持续到 2014 年 12 月。

技术参数

发射时间	2005年12月9日
造价	2.6亿美元
重量	1 240 千克
所属机构	ESA

1.8米

1.5米

发射
2005 年 12 月 9 日

抵达金星
2006 年 4 月 11 日

金星在轨运行
2014 年 12 月

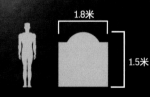

2 号分光仪
紫外线探测

太阳能电池板
获取来自太阳的能量，为任务提供能量。

1 号分光仪
测量大气温度

相机
捕捉紫外线中的图像。

磁力计
测量磁场及其方向。

高增益天线
将数据传送到地球。

地球资源观测卫星8
NASA 在陆地卫星项目中发射的最后
一颗陆地观测卫星的艺术再现。

CHAPTER 8

连接太空

除了寻求宇宙和生命起源的答案，太空探索也为地球的生活带来了巨大的便利。许多技术进步已应用于医药、安全、运输等各个领域。通信、气象、导航更是太空技术民用化的实例。近年来，太空也成了令人难以置信的冒险和挑战之处，例如"红牛平流层计划"。

身边的太空技术

太空已经成为新技术、新方法的研究和开发实验室，其成果已经广泛应用在我们的日常生活中。各种设备、食品、衣服、材料、器具已经在极端条件下的太空中进行过测试，在很大程度上改善了我们的生活质量。

智能服装

以计算机和其他技术元素为特征的服装已经成为现实。电子设备能把衣服转变成一种智能生物识别服，对穿戴者所处的环境做出反应，可以测量人的生命体征信号。得益于新材料的发明，科学家们正在讨论服装的发展是否可以预防疾病。

鹅妈妈

鹅妈妈的睡衣可以在睡觉时监控婴儿的状态。它们装有传感器，可以监测婴儿的心跳和呼吸，这种睡衣可以检测并提供婴儿猝死综合征症状的警告。宇航员的生命体征也是通过类似系统监测的。

5个传感器
- 3个放在胸部
- 2个放在胃部

聚碳酸酯

紧凑型聚碳酸酯板材主要用于建筑业，它们具有很高的冲击强度，逐渐在包括护目镜等一些应用中取代了玻璃。

居家用途

太空旅行的普及让我们在居家生活中得以尝试新的技术应用，如微波炉和干燥食品，在日常生活中已占有一席之地。

尼龙搭扣带

能够实现快速打开和连接的服装配件，由乔治·德梅斯特拉尔于1941年发明。

食品

探险者将干燥的食物储存在阴凉的地方，包括干果制品、熏火鸡、玉米饼、豆奶、奶酪和坚果等。

微波炉

20世纪70年代，微波炉开始在美国流行，其工作原理是利用电磁波煮熟或快速加热食品。

空气净化器

净化器旨在减少家里的细菌浓度，对过敏和哮喘患者有益。它们轻便可移动，可以从一个房间搬到另一个房间。

①第一步
净化器吸入被过敏源污染的空气。

②第二步
过滤器处理被污染的空气。

③第三步
净化器将纯净空气送回到房间。

被污染的空气　　　　　纯净的空气

凯夫拉

一种合成的聚酰胺材料，用于耐受性需求高的服装，如户外运动装备、防弹衣和外罩。

保护工艺

为了承受极端温度和陨石撞击的影响，探测飞船必须配备各种保护层。飞船外壳是铝质的，覆盖保护层以防止高温。内部装有保护层以防止低温。内外层之间有硅树脂黏合剂，将它们连接在一起。

高温保护层
保护飞船免受太阳的不利影响。

低温保护层
保护飞船免受极端低温的影响。

硅酮胶

铝制层
保护宇宙飞船免受陨石撞击。

硅树脂

许多聚合物由硅树脂制成：用于润滑剂、防水黏合剂、厨房模具和医疗设备。

特氟龙

聚四氟乙烯的通用名称，其特殊之处在于它几乎是惰性的，除了极少数情况，不会与其他化学物质发生反应。特氟龙以防水和不粘而闻名，可用于火箭和飞机的内部，在一些不粘锅上也有应用。

western union

MCDONNELL DOUGLAS

WESTAR VI

HUGH
HUGHES AIRCRAFT

微重力
科学

太空的微重力环境对宇航员的健康十分不利，会导致心率减慢、肌肉减弱、骨骼的钙流失。好处是微重力的特殊条件有利于进行科学实验。所以，国际空间站不同的实验室多年来一直致力于地球生命的研究和探索。

微重力的好处

微重力条件下，许多材料的结晶方式与它们在地球重力下的结晶方式是不同的。这些元素以地球上未知的方式反映、表现出来，这种研究为电子、医药、运输等领域提供了新的可能性。同样，在生物学中，微生物中的有机细胞和组织的生长也会不同。

国际空间站的实验室

①
"希望"号太空实验舱
它是国际空间站中最大的一个，有一个加压区可以用来进行微重力实验。

②
"哥伦布"实验舱
ESA 的加压实验室，呈圆柱形，主要进行材料科学和流体物理学的研究。

③
"命运"号实验舱
自 2001 年以来，NASA 的这个实验舱一直致力于材料、物理、生物技术、工程和医学的研究。

腿部
失重期间，宇航员的双腿会因缺乏运动而肌肉萎缩、变瘦。

商用飞机

在地球上也可以实现微重力环境。抛物线飞行允许宇航员模拟太空环境并进行科学实验。为了实现微重力，C-135 飞机以 47°角上升，然后飞行员关闭引擎，飞机以抛物线轨迹开始自由落体。在这期间，飞机上所有设备和人员处于飘浮的失重状态。

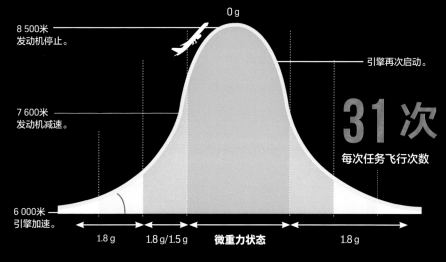

8 500米 发动机停止。

0 g

引擎再次启动。

7 600米 发动机减速。

6 000米 引擎加速。

31 次
每次任务飞行次数

1.8 g　　1.8 g/1.5 g　　**微重力状态**　　1.8 g

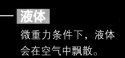
液体
微重力条件下，液体会在空气中飘散。

飞机上
在抛物线飞行期间，可以进行 9 ~ 15 次科学实验。

15 次
实验

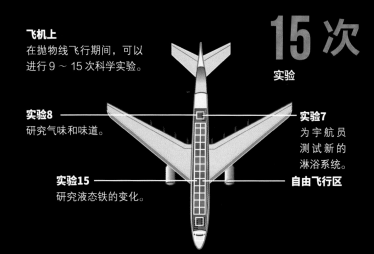

实验8
研究气味和味道。

实验7
为宇航员测试新的淋浴系统。

实验15
研究液态铁的变化。

自由飞行区

失重状态
由于绕地球轨道飞行而产生自由落体效应，宇航员会在 ISS 或飞船里飘浮。这就是微重力环境。

水池：另一种培训方式

还有一个方法可以模拟太空环境训练宇航员，即利用一个巨大的游泳池模拟微重力作用。在约翰逊航天中心，就建有一个水下模拟实验室，可以开展宇航员测试，就好像他们在国际空间站里一样。训练时，他们会穿戴零浮力的特殊服装。

全球互联

卫星通信让信息可以快速准确传送到偏远地区，全球零距离通信已成为可能。卫星主要在地球同步轨道运行，也就是说，卫星轨道周期与地球自转周期是一致的。这种方式的传输更有效，因为卫星相对于地球表面是静止不动的。如今，我们已经建立了一个虚拟的地球同步卫星编队系统，广泛用于气象、科研、导航、军事、电信等各个领域。

联结

如今，地球上任何两点之间都可以建立联络。在地面和卫星天线之间发送、接收的信号都属于无线电波频谱范围，包括电话、电视以及计算机的数据。例如，从欧洲打到美国的一个电话的过程是：欧洲的信号从地面站发出，该信号被转发给卫星，卫星重新发送信号，由美国的天线接收并传输到其最终目的地。

向下连接
卫星将信号转发到其他点，建立下行的连接。

上行连接
卫星捕捉来自地球的信号，建立上行连接。

地面站

地面站建有无线电天线，以及用于发送、接收卫星信号的所有设备。这些通常都是大型结构，天线可以充当成千上万条信息流的接收器和发射器。在其他情况下，它们可以用于飞船上或飞机上的普通通信。

发射天线
地面天线从卫星接收信息并重新发送，是各种信号传输的关键。

跨国输电网格
地面上的固定装置，负责与天线通信并接收信息。

公众网络
用于两点之间的电话通信。

私用网络
如电视网络等私营企业集团间通信。

私人
为付费的私人客户提供卫星通信服务。

移动式平台
用于覆盖发生在不同位置的新闻或事件时，所需要的网络传输。

固定收发天线
这些天线可以瞄准地球上的特定地点。

转发器
这是卫星的心脏，能够对大气产生的干扰进行修正。

太阳能板
把太阳的光转化成电能。

反射器
捕获信号并直接转发。

反射器

三轴运动
为了纠正位置，卫星可以在3个方向上转动：垂直于轨道平面的俯仰轴、水平方向的偏航轴以及与其他两个轴垂直的翻滚轴。

俯仰角

地球方向

翻滚角

速度向量

偏航角

轨道

铱星系统
铱星系统是低轨道卫星移动电话系统，由66颗跟随极地圆轨道的卫星组成。

电话通信
通过卫星在飞机和陆地之间进行通信。

电视广播连接
捕获信号，将它们分发到不同地理位置的卫星，主要用于传输新闻或其他事件。

最大功率区域

电话连接
地面天线接收信号，将它们以相应格式重新发送给接收中心。

中心/运营商

低功耗边界

卫星覆盖区域
发射的无线电波到达地球时覆盖一个确定的区域，被称为足迹。

电视
信号从中心通过天线到达。

固定电话
语音信号从中心传到所需位置。

移动电话
可以根据发送的信号接收语音和图像。

卫星轨道

在太空放置通信卫星的空间不是无限的，而是有限的，太多的卫星会让空间饱和。位置相差 1 ～ 2 度还会导致相邻卫星之间相互干扰。因此，卫星的位置统一由国际电信联盟（ITU）管理。地球同步轨道卫星（GEO）能够保持与地球相对固定的位置。处于低轨道（LEO）和中轨道（MEO）的卫星，需要利用地面站进行监测。

不同类型

卫星会根据它们相对于地球的位置发送定量的信息。地球同步轨道只能用 4 颗卫星覆盖整个地球，而像近地轨道这样的较低轨道则需要卫星星座系统才能覆盖全部。在其他情况下，如在中轨道，卫星会按照椭圆轨道运行。

轨道类型	近地轨道	中轨道	同步轨道
距离	200～3 000 千米	3 000～36 000千米	36 000千米
卫星造价	低	中	高
网络类型	复杂	中等	简单
卫星寿命	3～7 年	10～15 年	约15年
覆盖时间	短	中	连续的

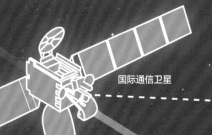

国际通信卫星

高度　3.6万千米

极轨道

地球同步轨道

地球静止轨道呈圆形，是最常用的轨道。轨道周期为 23 小时 56 分，与地球相同，最常用的是电视信号传输。

近地轨道

属于低空轨道，距离地表200 ～ 3 000 千米之间，是近地地球轨道饱和后开通的，首次用于蜂窝电话。低空轨道是圆形的，消耗功率较少，不过需要地面中心监测。

椭圆形轨道

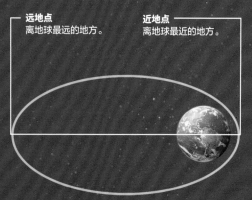

远地点
离地球最远的地方。

近地点
离地球最近的地方。

圆轨道

具有同样距离的轨道。

36 000 千米
这是保持卫星轨道固定所需的距离。

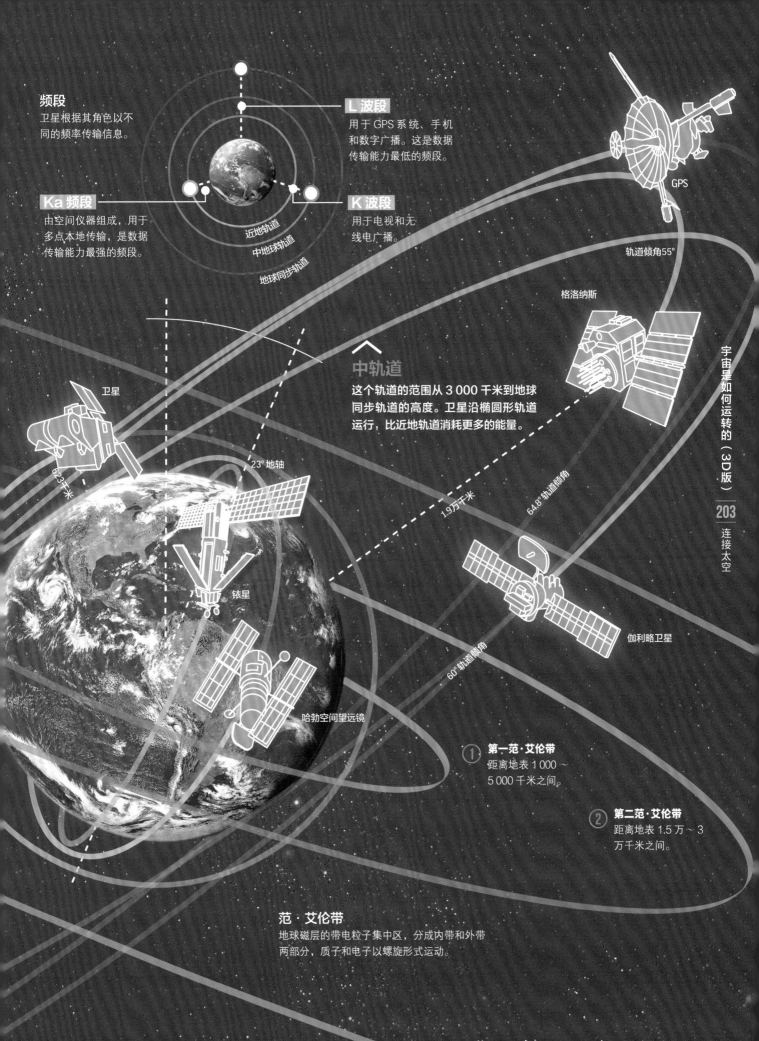

频段
卫星根据其角色以不同的频率传输信息。

L 波段
用于 GPS 系统、手机和数字广播。这是数据传输能力最低的频段。

Ka 频段
由空间仪器组成，用于多点本地传输，是数据传输能力最强的频段。

K 波段
用于电视和无线电广播。

近地轨道
中地球轨道
地球同步轨道

GPS

轨道倾角55°

格洛纳斯

23° 地轴

中轨道
这个轨道的范围从 3 000 千米到地球同步轨道的高度。卫星沿椭圆形轨道运行，比近地轨道消耗更多的能量。

卫星

623千米

1.9万千米

64.8°轨道倾角

伽利略卫星

60°轨道倾角

铱星

哈勃空间望远镜

① **第一范·艾伦带**
距离地表 1 000 ～ 5 000 千米之间。

② **第二范·艾伦带**
距离地表 1.5 万 ～ 3 万千米之间。

范·艾伦带
地球磁层的带电粒子集中区，分成内带和外带两部分，质子和电子以螺旋形式运动。

环境卫星

1986 年，法国航天局发射了"地球观测系统"1 号卫星，是第一个可以拍摄地球高分辨照片的现代卫星系统。新一代的 7 号卫星于 2014 年发射。如今，"地球观测系统"卫星是石油、农业行业使用的卓越商业卫星。1972 年，美国发射了"陆地"卫星，最新型号于 2017 年投入使用。

"地球观测系统"（SPOT）7 号卫星

"地球观测系统"系列卫星，可以提供与环境有关的信息与拍摄监测，并成功投入商业使用。最新版本 SPOT 7 有两个 NAOMI（新 ASTROSAT 平台光学模块化仪器）相机，能够以全色模式获得 2.2 米的分辨率，处理后分辨率可达 1.5 米。每张图片的宽度为 60 千米。由 SPOT 6 和 SPOT 7 卫星组成的星座每天可拍摄约 600 万平方千米的地球表面，并与两个法国（普莱亚）观测卫星协同工作。

技术参数

发射时间	2014年6月30日
轨道高度	655千米
轨道周期	98.79分钟
最大分辨率	1.5米
所属组织	空中客车防务与航天公司（Airbus Defence & Space）

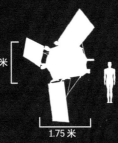

1.55米

1.75 米

"地球观测系统"卫星

各个卫星协同工作，每天从全球任何角度获取图像。

美国卫星系统

"陆地"8 号卫星有两台陆地观测仪器：可操作的陆地成像仪（OLI）和热红外传感器（TIRS）。OLI 和 TIRS 收集数据，提供地球表面的重合图像。卫星在位于 705 千米高、斜率为 98.2° 的同步极轨道上运行。在这个轨道上运行 16 天，可以观察到地球整个表面。

"陆地"卫星 8 号

由亚利桑那州吉尔伯特的轨道科学公司建造，设计寿命为 5 年，由于其燃料充足，可保证在轨 10 年。

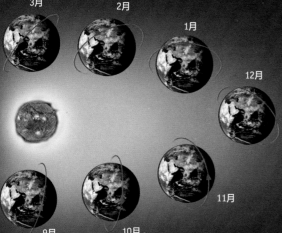

3月

2月

1月

12月

11月

9月

10月

太阳同步轨道

为了比较在不同日期拍摄的给定点的观察结果，必须在相似的光照条件下拍摄图像。为此，卫星在太阳同步轨道运行，可以在 26 天内观测整个地球表面。

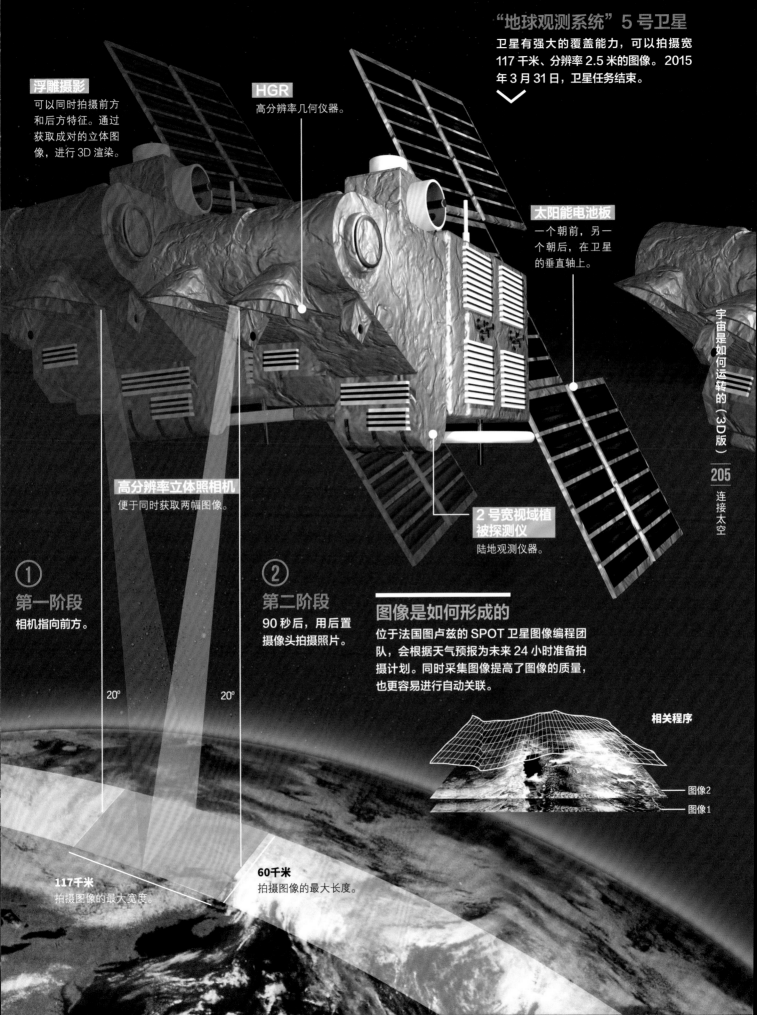

浮雕摄影
可以同时拍摄前方和后方特征。通过获取成对的立体图像，进行 3D 渲染。

HGR
高分辨率几何仪器。

"地球观测系统" 5 号卫星
卫星有强大的覆盖能力，可以拍摄宽 117 千米、分辨率 2.5 米的图像。2015 年 3 月 31 日，卫星任务结束。

太阳能电池板
一个朝前，另一个朝后，在卫星的垂直轴上。

高分辨率立体照相机
便于同时获取两幅图像。

2 号宽视域植被探测仪
陆地观测仪器。

① **第一阶段**
相机指向前方。

② **第二阶段**
90 秒后，用后置摄像头拍摄照片。

图像是如何形成的
位于法国图卢兹的 SPOT 卫星图像编程团队，会根据天气预报为未来 24 小时准备拍摄计划。同时采集图像提高了图像的质量，也更容易进行自动关联。

相关程序

图像2

图像1

20°　　　20°

117千米
拍摄图像的最大宽度。

60千米
拍摄图像的最大长度。

高分辨率地球图像

卫星拍摄的图像可以捕捉宽 60 千米、分辨率 2.5 米的区域，以不同比例查看地球上任何区域的地形。从植被到港口，从海洋陆地边界到火灾区域，卫星的强大功能可以拍摄到非常具体的地面目标。

图像分辨率

卫星系统可以拍摄最高 1.5 米分辨率图像，高分辨率可以提供目标区域的特定内容，并以 1 : 2.5 万的比例绘制世界任何地方。卫星系统提供的图像可用于调控收获的节奏、预防自然灾害和观察人口增长。

海法

卫星	分辨率	图像
"地球观测系统"1~3号	10米	彩色和黑白
	20米	黑白
"地球观测系统"4号	5米	彩色和黑白
	10米	彩色
"地球观测系统"5号	2.5米	彩色或黑白
	5米	彩色或黑白
	10米	彩色或黑白
"地球观测系统"6、7号	1.5米	彩色或黑白

联合拍摄

SPOT 6 号和 7 号卫星一起使用的话，每天可以重复观测地球上的任何一点，覆盖 600 万平方千米。

3D 图像

SPOT 使用的坐标方法，可以在 3 个坐标系中进行坐标变换，以适用于所有的地形坐标系。

10 年

可以满足卫星的使用要求，SPOT 6 号、7 号可以运行到 2024 年。

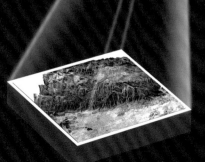

加沙

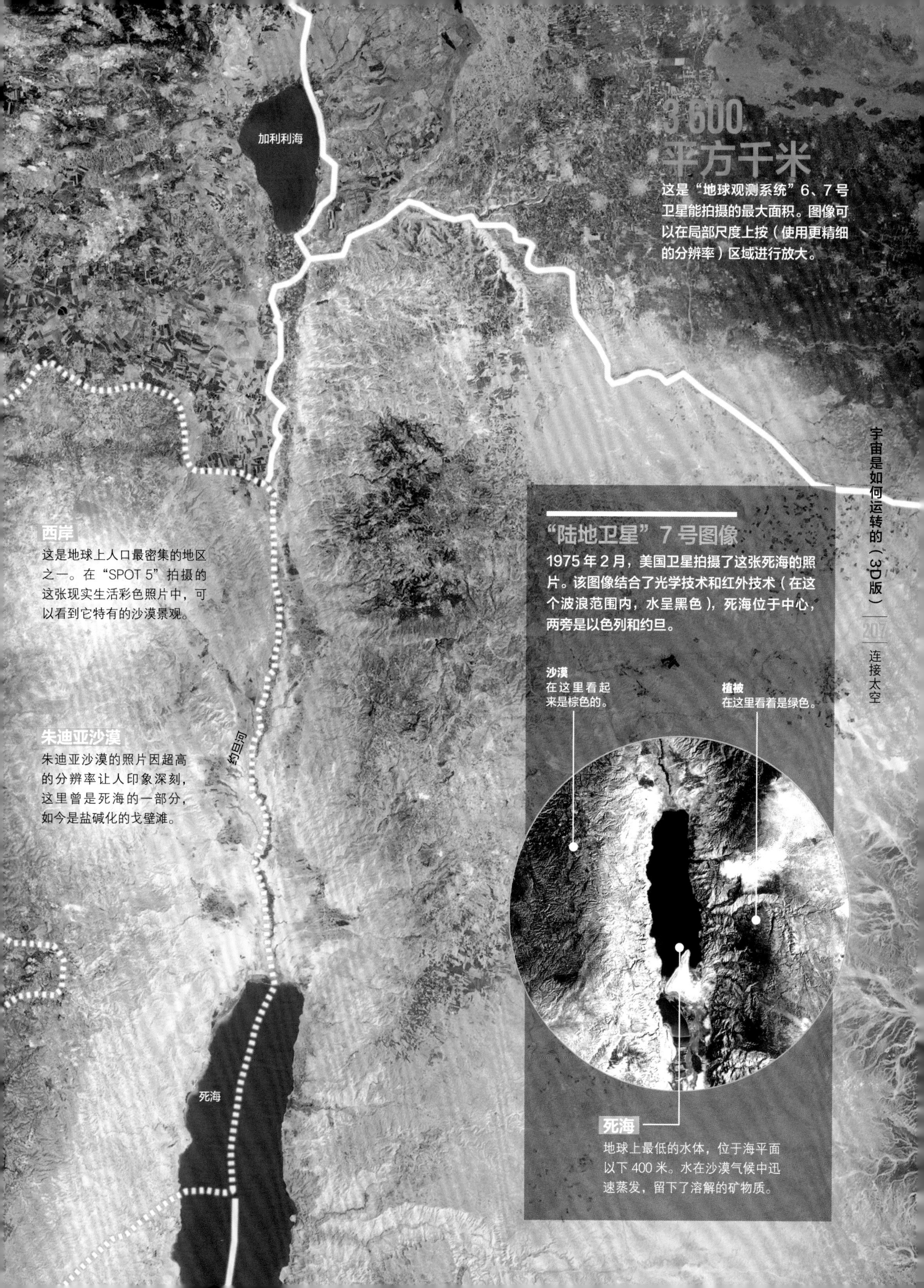

加利利海

3 600 平方千米

这是"地球观测系统"6、7号卫星能拍摄的最大面积。图像可以在局部尺度上按（使用更精细的分辨率）区域进行放大。

西岸

这是地球上人口最密集的地区之一。在"SPOT 5"拍摄的这张现实生活彩色照片中，可以看到它特有的沙漠景观。

朱迪亚沙漠

朱迪亚沙漠的照片因超高的分辨率让人印象深刻，这里曾是死海的一部分，如今是盐碱化的戈壁滩。

约旦河

"陆地卫星" 7 号图像

1975 年 2 月，美国卫星拍摄了这张死海的照片。该图像结合了光学技术和红外技术（在这个波浪范围内，水呈黑色），死海位于中心，两旁是以色列和约旦。

沙漠
在这里看起来是棕色的。

植被
在这里看着是绿色的。

死海
地球上最低的水体，位于海平面以下 400 米。水在沙漠气候中迅速蒸发，留下了溶解的矿物质。

死海

太空垃圾

自从 1957 年发射第一颗卫星以来，地球周围已经被大量的空间碎片填满。用过的卫星电池、部分火箭和宇宙飞船，都在绕地球轨道飞行。它们的行驶速度从 3 万千米 / 时到 7 万千米 / 时不等，可能会相互碰撞，有一定的危险性。

宇宙垃圾

绕地球运转的、任何无用的人造物体都被视为空间碎片。轨道上未回收的火箭，没有行驶在正确轨道上的太空飞船、设备，也有潜在的危险。

空间碎片的体量

除了数以百万计的微小颗粒，还有超过 1.1 万个碎片物体，已经记录在册。

+3 000万

尺寸小于1厘米的碎片
非常小的颗粒，可导致航天器表面的损伤。

+10万

尺寸小于10厘米大于1厘米的碎片
可以在卫星上产生洞的粒子。

+1.1万

大于10厘米的碎片
能够造成航天器不可挽回的损失。此类碎片已被监测、编目。

各国空间物体

自 1957 年以来，已有 2.5 万个物体进入低轨道，大部分来自苏联和美国。

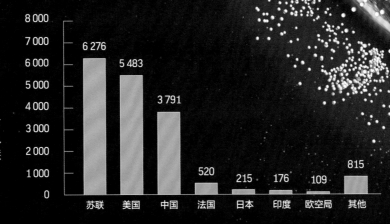

苏联	美国	中国	法国	日本	印度	欧空局	其他
6 276	5 483	3 791	520	215	176	109	815

我们能做什么

一种解决办法可能是将所有碎片回收，而不是让它们持续绕地球飞行。不过，已经取得的成果是将卫星碎片从地球轨道上移除。

航行
就像在飞船上一样，当卫星停止工作、太阳风将它转移时，风帆就会释放。

航天探测器
会对卫星产生影响，卫星从轨道上转向，以预先确定的方向驱动。

电缆
电缆拖动卫星降低轨道，在进入大气层时瓦解。

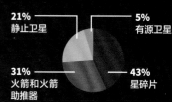

碎片源和定位
地球周围 95% 的存在物体都是"空间浪费"。美国国家航空航天局正在研究一种无须到达轨道即返回地球的火箭，以防止产生更多的废物。

- 21% 静止卫星
- 5% 有源卫星
- 31% 火箭和火箭助推器
- 43% 星碎片

2 000 吨
太空垃圾，绵延将近 2 000 千米长。

极轨道
400千米
这是国际空间站和哈勃空间望远镜运行的轨道。

低轨道
700～2 000千米
电信和环境卫星。

地球同步轨道
3.58万千米
间谍卫星会产生大量的浪费。

高轨道
10万千米
天文卫星运行在最高轨道上。

- 垃圾
- 功能性
- 核泄漏

全球卫星导航

全球定位系统（GPS）由美国国防部开发，可以确定世界各地的人员、车辆或航天器的位置。为了实现这一目标，GPS系统使用了 20 多颗 NAVSTAR 卫星导航。该系统起初是为军事用途系统而设计的，并于 1995 年全面部署。但现在，它已广泛应用于各个领域，成为我们日常生活的重要工具。欧盟正在开发类似于 GPS 的伽利略系统，由 30 颗卫星组成。

GALILEO

① 第一阶段

第一颗卫星发送它的坐标。导航设备捕获信号，指示其与扫描范围内卫星的距离。

② 第二阶段

结合第二颗卫星，在发现导航设备的两个球体的交叉点内建立一个区域。

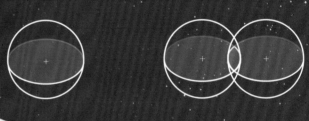

人造卫星

卫星A

卫星B

覆盖范围

功能

利用卫星发送的电磁波，接收器可以将接收到的信号转换为位置、速度和时间。要计算确切位置，需要 4 颗卫星。前 3 个形成一个三方交会区域，而第四个则纠正该位置。当第四颗卫星扫描的区域与先前建立的交叉点不一致时，会进行位置修正。

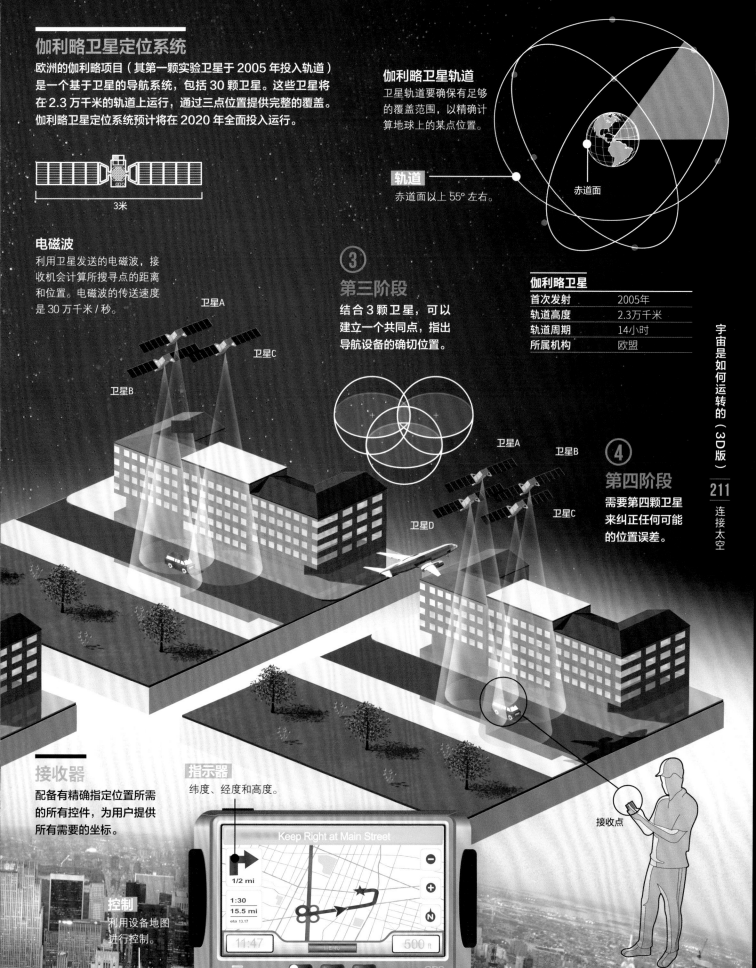

伽利略卫星定位系统

欧洲的伽利略项目（其第一颗实验卫星于2005年投入轨道）是一个基于卫星的导航系统，包括30颗卫星。这些卫星将在2.3万千米的轨道上运行，通过三点位置提供完整的覆盖。伽利略卫星定位系统预计将在2020年全面投入运行。

3米

电磁波

利用卫星发送的电磁波，接收机会计算所搜寻点的距离和位置。电磁波的传送速度是30万千米/秒。

卫星A

卫星C

卫星B

伽利略卫星轨道

卫星轨道要确保有足够的覆盖范围，以精确计算地球上的某点位置。

轨道
赤道面以上55°左右。

赤道面

③

第三阶段

结合3颗卫星，可以建立一个共同点，指出导航设备的确切位置。

伽利略卫星	
首次发射	2005年
轨道高度	2.3万千米
轨道周期	14小时
所属机构	欧盟

卫星A

卫星B

④

第四阶段

需要第四颗卫星来纠正任何可能的位置误差。

卫星D

卫星C

接收器

配备有精确指定位置所需的所有控件，为用户提供所有需要的坐标。

指示器
纬度、经度和高度。

接收点

Keep Right at Main Street

1/2 mi

1:30
15.5 mi
eta 13.17

14:47

500 ft

GPS

控制
利用设备地图进行控制。

太空假期

2001 年，第一个"太空游客"——美国百万富翁丹尼斯·蒂托，成功进到国际空间站；他为 8 天的太空旅行支付了 2 000 万美元。2002 年，澳大利亚的马克·沙特尔沃思（Mark Shuttleworth）也参加了太空旅游。由伯特·鲁坦设计的"太空船"1 号及其继任者"维珍银河"号，将在未来数年内运送数千名游客前往太空。

太空之旅

"太空船"1 号是由"白色骑士"号运载飞机推进的。在亚轨道持续飞行约两小时，最快时速为 3 580 千米 / 时，最高高度为 100 千米。

35 米

82 米

最高高度

太空飞机可以达到 100 千米的高度，然后返回大气层。机组人员会经历 6 分钟的低重力。

高度 / 千米

100

90

80

5 000 千克
"白色骑士"号的重量。

3 670 千克
"太空船"1 号的重量。

"白色骑士"号	
发射时间	2004年6月
最大高度	15.24千米
首飞	迈克·梅尔维尔
公司	私人

引擎
发动机点燃 80 秒，时速达到 3 580 千米 / 时。

70

60

起飞
飞行1小时后，在 15.24千米的高度，"白色骑士"释放了太空船。

50

40

30

25 万美元
亚轨道飞行成本

4 天
训练周期

2 小时
飞行时间

再进入
飞行员操作降落。

着陆
飞机返回地面。

滑行
太空飞机返回地表。

乘员

坐在飞机的后部。他们穿着加压服并经过严格的训练。

5米

15米

推进燃料
固体混合。

推进器
允许飞机在飞行中上下移动。

发动机
液体燃料。

机舱

配备尖端技术，可以让飞行员安全地操纵飞机。配备有16个圆形玻璃面板，可以观赏太空全景。

圆形窗户
16个玻璃窗户，可以欣赏到美景。

高导
在再入大气层时使用。

方向舵
当飞机转向时，方向舵脚蹬阻止其转动。

舵
电子管理，它们提供纵向稳定性。

机翼
用于控制飞机的高度。

围绕鼻翼重心从一侧到另一侧。

尾羽
翅膀和尾巴向上，以确保安全地重新进入。

显示器
显示飞机相对于地球的位置，到目的地的路线以及机翼上的压缩空气量。

中央杠杆
控制飞机向上或向下。

引擎
使用按钮启动，在80秒内燃烧燃油。

调整器
控制飞行路线的偏差。

平流层冒险

到尽可能高的高度飞行，是任何冒险爱好者最激动人心的体验之一：热气球上升到超过 3 万千米的平流层，然后垂直下降，在接近地面时打开降落伞成功着陆。这是一项危险的挑战，需要克服极端温度变化、低气压和重力压迫等，还可能导致身体失控和意识丧失。

先驱者：约瑟夫·基廷格（Joseph Kittinger）

奥地利探险家菲利克斯·鲍姆加特纳（Felix Baumgartner）曾经在全球电视直播约 39 000 米高的跳跃，不过平流层跳跃的真正先驱是美国上校约瑟夫·基廷格。基廷格喜爱高空跳伞，于1960年8月16日参与了"精益求精"计划，完成了海拔31 000 米以上的氦气球自由落体。

"红牛平流层计划"

为了打破约瑟夫·基廷格创下的人类最高跳伞纪录，菲利克斯·鲍姆加特纳参加了由红牛赞助的"红牛平流层计划"。该计划从 2010 年就开始筹备，打算利用由氦气球悬吊的太空舱将鲍姆加特纳载运至海拔约 39 000 米、已经进入平流层的超高空，然后让其直接穿着有加压作用的太空装进行跳伞。2012 年 10 月 14 日，菲利克斯·鲍姆加特纳成功地完成了这一挑战。

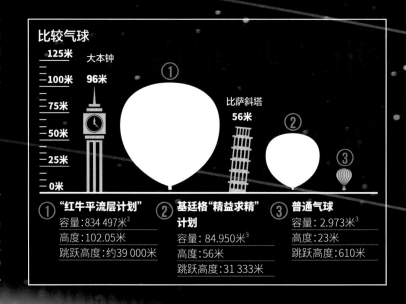

比较气球

125米	大本钟		比萨斜塔	
100米	96米	①	56米	②
75米				③
50米				
25米				
0米				

① "红牛平流层计划"	② 基廷格"精益求精"计划	③ 普通气球
容量：834 497米³	容量：84.950米³	容量：2.973米³
高度：102.05米	高度：56米	高度：23米
跳跃高度：约39 000米	跳跃高度：31 333米	跳跃高度：610米

一项新的纪录

此计划没有广告，没有电视推广，价格便宜，但同样令人印象深刻。2014 年 10 月，在鲍姆加特纳跳伞两年之后，另一位冒险家尝试了平流层跳跃，并从奥地利人手中抢走了该项运动的纪录。这位冒险家是艾伦·尤斯塔斯（Alan Eustace），公认的计算机科学家和计算机巨头，也是 Google 公司的副总裁之一。这位 57 岁的执行官登上了一个巨大的充满了氦气的气球，在新墨西哥州的沙漠上——这与"红牛平流层计划"中的情况类似——从 41 122 米的高度开始自由落体。他的时速达到了 1 320 千米 / 时，打破了音速限制。

没有密封舱保护

尤斯塔斯花了两个小时升高，并在 15 分钟内全速下降。与鲍姆加特纳不同，他没有裹在复杂的密封舱内，而是穿戴着一套加压的服装。

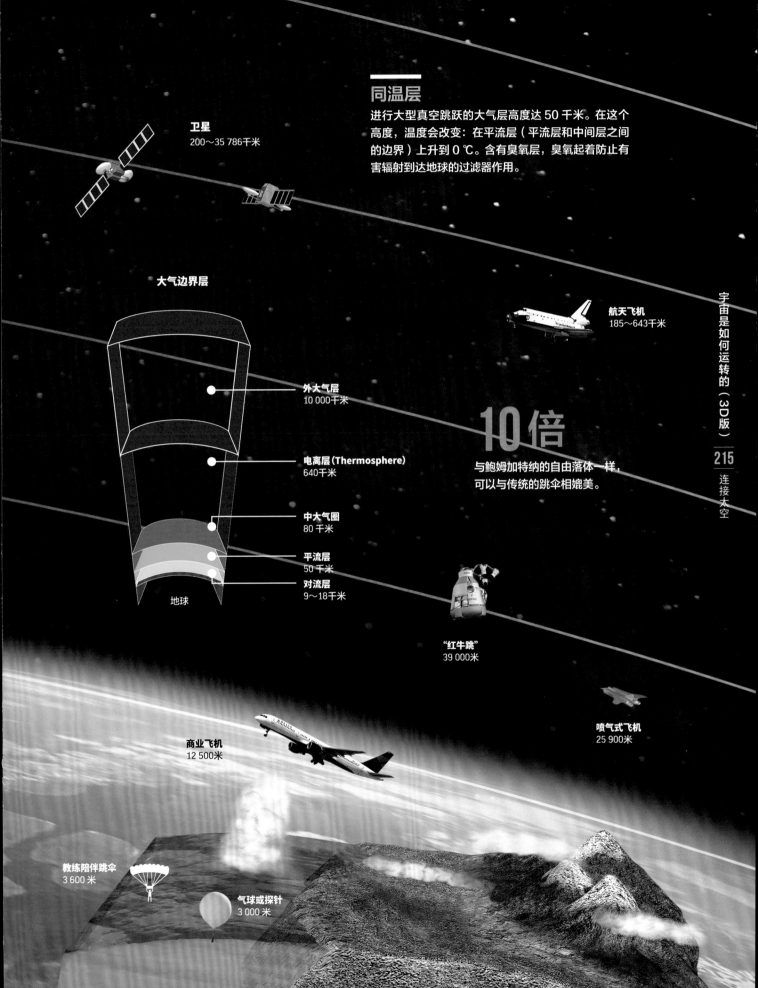

同温层

进行大型真空跳跃的大气层高度达 50 千米。在这个
高度，温度会改变：在平流层（平流层和中间层之间
的边界）上升到 0 ℃。含有臭氧层，臭氧起着防止有
害辐射到达地球的过滤器作用。

卫星
200～35 786千米

大气边界层

航天飞机
185～643千米

外大气层
10 000千米

10倍

与鲍姆加特纳的自由落体一样，
可以与传统的跳伞相媲美。

电离层 (Thermosphere)
640千米

中大气圈
80 千米

平流层
50 千米

对流层
9～18 千米

地球

"红牛跳"
39 000米

喷气式飞机
25 900米

商业飞机
12 500米

教练陪伴跳伞
3 600 米

气球或探针
3 000 米

潜力巨大

2012 年 10 月 14 日，奥地利探险家菲利克斯·鲍姆加特纳利用氦气球将一个压力密封舱带到约 39 000 米高的平流层，并从此高度跳下，从而成为极限运动的偶像人物。这不仅是一次历史性的探险活动，鲍姆加特纳的自由落体也让科学家们开始研究人体打破音速生理影响的可能性。

超音速跳

经过 5 年的准备，奥地利冒险家完成了一项历史性的壮举——从跳跃的那一刻起，鲍姆加特纳耗时 34 秒达到声速，16 秒后达到最高速度。鲍姆加特纳总共有半分钟达到了超音速跳跃。整个过程耗时 4 分 20 秒。

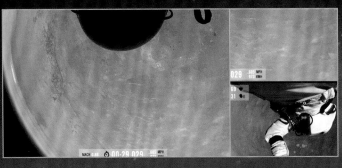

飞行记录

运动员在失控后旋转，之后恢复稳定。在运动员打开降落伞返回地面的过程中，连接在衣服上的多个摄像头能够捕捉当时的不同画面。

冒险家

抱着对极限运动高度的热情，鲍姆加特纳从 16 岁时就开始练习跳伞。他进入了一个军事体育俱乐部，在那里他继续练习跳伞。他在 43 岁时实现了平流层跳伞的目标。

39 000 米

37 000 米

② 跃变带

34 000 米

气球在不到 3 个小时的时间内到达太空边际。鲍姆加特纳从约 39 000 米的高处跳下。

31 500 米

27 000 米

-70 ℃

当它上升时，温度下降，可以达到零下 70 ℃。

24 500 米

21 000 米

17 500 米

14 000 米

10 500 米

① 上升

7 000 米

充满氦气的气球将菲利克斯·鲍姆加特纳和他乘坐的航天舱缓慢提升。

4 500 米

1 500 米

海平面

密封舱

它由一个球形生存单元组成，类似于太空任务中使用的大气再入飞行器。加压装备可以确保鲍姆加特纳在无法跳跃时能够安全返回地球。密封舱由玻璃纤维和环氧树脂制成，具有防火性能。密封舱的空气由一种混合物和氮气组成，乘员可以手动调节。

③ 跳跃

站在胶囊舱入口处，极限运动员能观察地球的边缘几秒钟，然后将自己"发射"到太空中。

平流层

④ 音障

鲍姆加特纳在自由落体下降并打破音障。第一部分包括一段不受控制的旋转。

鲍姆加特纳的纪录

38 969.4 米

真空跳跃的最高高度。

39 068.5 米

载人气球的最高高度。

1 357.6 千米／时

最大垂直速度。

对流层

⑤ 降落

在大约1 500米处，降落伞打开。10分钟后，鲍姆加特纳安全着陆。

⑥ 定位

使用跟踪装置在陆地上回收胶囊舱和气球。

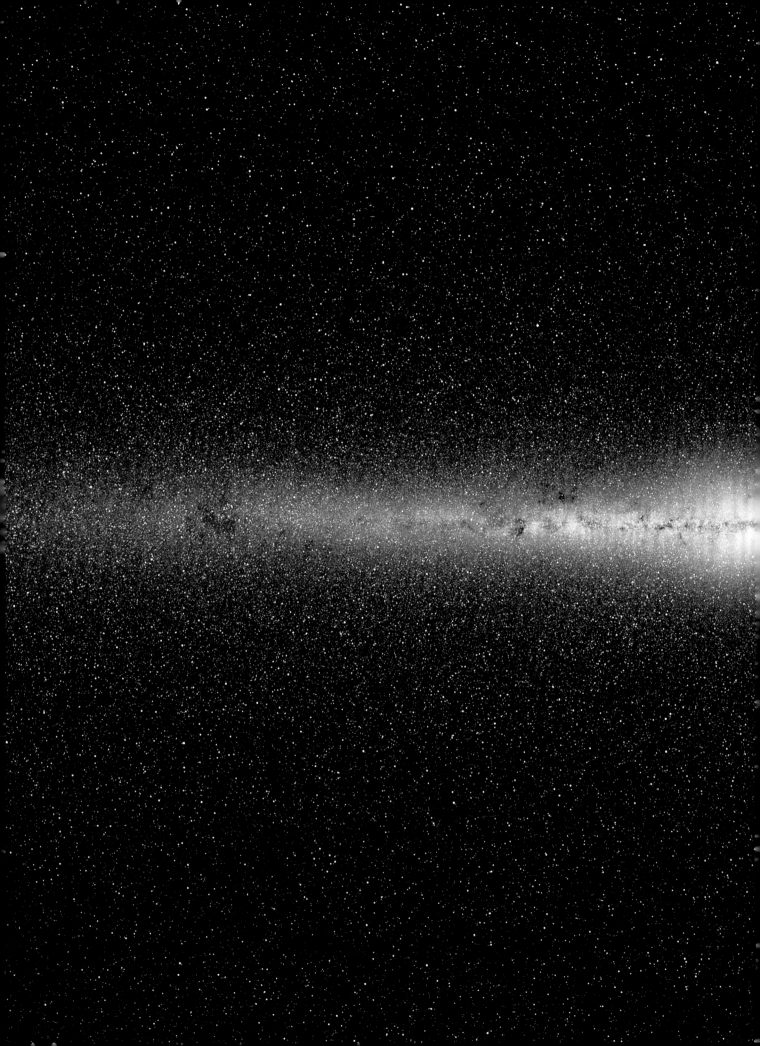

索引

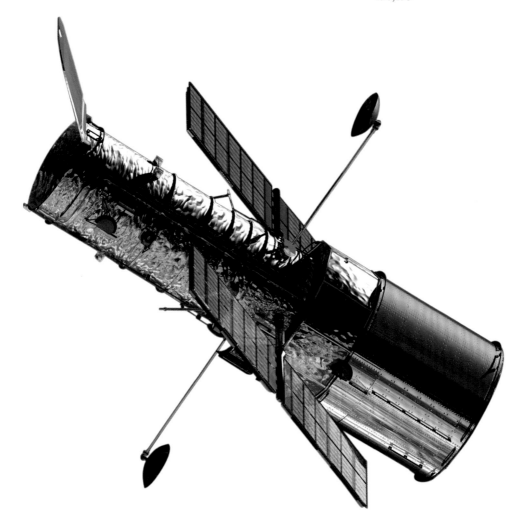

Z

图片来源

信息图表：Sol90Images

插图：4d News, Trebol Animation, Guido Arroyo, Pablo Aschei, Gustavo J. Caironi, Hernán Cañellas, Leonardo César, José Luis Corsetti, Vaninan Farías, Ariel Roldán, Néstor Taylor, Juan Venegas, 3dN

摄影：NASA, European Southern observatory (ESo), European Space Agency (ESA), AGE Fotostock, ALMA, Gemini Observatory, DigitalGlobe, Celestia (p. 72 51 Pegasi B), Sylvain Korzennik (p. 72: Upsilon Andromeda), wikimedia/Ph03nix1986 (p. 74: Kepler 442b, p. 75: KOI-4878.01), Red Bull Media House.

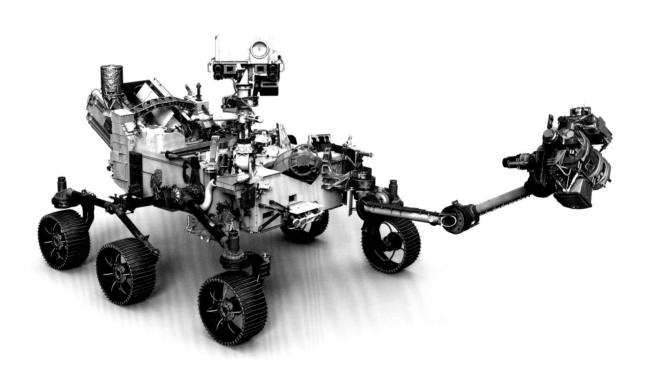

图书在版编目（CIP）数据

宇宙是如何运转的：3D版 / 西班牙Sol90公司著；
孙媛媛, 徐玢翻译. —— 成都：四川科学技术出版社，
2019.7
书名原文：How the Universe Works:An
Illustrated Guide to the Cosmos and All We Know
About It
ISBN 978-7-5364-9491-6

Ⅰ. ①宇… Ⅱ. ①西… ②孙… ③徐… Ⅲ. ①宇宙学
-图解 Ⅳ. ①P15-64

中国版本图书馆CIP数据核字(2019)第118492号
著作权合同登记图字：21-2019-218号

宇 宙 是 如 何 运 转 的（3D版）

YUZHOU SHI RUHE YUNZHUAN DE（SAN D BAN）

出 品 人　钱丹凝
著　　者　[西]Sol90公司
译　　者　孙媛媛　徐 玢
监　　制　黄 利　万 夏
责 任 编 辑　肖 伊
特 约 编 辑　张耀强
版 权 支 持　王秀荣
装 帧 设 计　紫图装帧
责 任 出 版　欧晓春
出 版 发 行　四川科学技术出版社
　　　　　　成都市槐树街2号　邮政编码 610031
　　　　　　官方微博：http://e.weibo.com/sckjcbs
　　　　　　官方微信公众号：sckjcbs
　　　　　　传真：028-87734035
成 品 尺 寸　212mm×279mm
印　　张　15
字　　数　200千
印　　刷　艺堂印刷（天津）有限公司
版次/印次　2019年7月第1版 / 2019年7月第1次印刷
定　　价　299.00元
ISBN 978-7-5364-9491-6